Abayomi Afolayan

Sustitución parcial de arena por serrín en la producción de hormigón

Abayomi Afolayan

Sustitución parcial de arena por serrín en la producción de hormigón

ScienciaScripts

Cover image: www.ingimage.com

This book is a translation from the original published under ISBN 978-620-2-31972-0.

Publisher:
Sciencia Scripts
is a trademark of
Dodo Books Indian Ocean Ltd. and OmniScriptum S.R.L publishing group

120 High Road, East Finchley, London, N2 9ED, United Kingdom
Str. Armeneasca 28/1, office 1, Chisinau MD-2012, Republic of Moldova, Europe
Printed at: see last page
ISBN: 978-620-8-12757-2

Índice

CAPÍTULO 1

1. 1INTRODUCCIÓN

1.1Antecedentes del estudio

La industria de la construcción depende en gran medida de materiales convencionales como el cemento, el granito y la arena para la producción de hormigón. El elevado y creciente coste de estos materiales ha obstaculizado enormemente el desarrollo de viviendas y otras infraestructuras en los países en desarrollo. Surge la necesidad de considerar en ingeniería el uso de materiales más baratos y disponibles localmente para satisfacer la necesidad deseada, mejorar la autoeficacia y conducir a una reducción general del coste de la construcción para el desarrollo sostenible.

Asimismo, varios investigadores han intentado reducir el coste de sus componentes y, por tanto, el coste total de la construcción, investigando y determinando la utilidad de materiales que podrían clasificarse como residuos agrícolas o industriales. Algunos de estos residuos son el serrín, las cenizas de combustible pulverizadas, las cáscaras de nuez de palma, las escorias, las cenizas volantes, etc., que se producen en moliendas, centrales térmicas, plantas de tratamiento de residuos, etc. (La utilidad de las cenizas volantes como sustituto parcial en las mezclas de hormigón va en aumento. La cantidad de cenizas volantes producidas en las centrales eléctricas de la India es de aproximadamente 105 millones de toneladas al año (Fernández, 2007). El porcentaje de su utilización es actualmente inferior al 13%).

Fernández investigó el uso de cenizas volantes como sustituto de los áridos finos en el hormigón y descubrió que la resistencia a la compresión, a la tracción y a la flexión aumentan inicialmente y alcanzan un valor máximo al 52% tanto a los 7 como a los 28 días.

El serrín puede definirse como partículas sueltas o virutas de madera obtenidas como subproductos del aserrado de la madera en tamaños estándar utilizables. La madera es uno de los materiales estructurales más antiguos utilizados por el hombre. Los templos y monumentos construidos hace varios años, que aún se conservan en excelentes condiciones, demuestran la durabilidad y utilidad de la madera (Kullkarni, 2005). El serrín limpio sin gran cantidad de corteza ha demostrado ser satisfactorio. Así no se introduce un alto contenido de materia orgánica que pueda alterar las reacciones de hidratación (Neville, 2000).

Olutoge (1995), en sus investigaciones sobre las propiedades físicas de la ceniza de cáscara de arroz, el serrín y la cáscara de nuez de palma, descubrió que sus densidades aparentes eran de 530 kg/m, 614 kg/m y 740 kg/m, respectivamente. Llegó a la conclusión de que estos materiales tenían propiedades que se asemejaban a las de los materiales de hormigón ligero.

Olanipekun (2006) investigó las propiedades de la cáscara de coco (CCS) y la cáscara de nuez de palma (PKS) como áridos gruesos en el hormigón. Las CCS se trituraron y sustituyeron a los áridos gruesos convencionales en gradaciones del 0%, 25%, 50%, 75% y 100%. Se utilizaron dos proporciones de mezcla (1:1:2) y (1:2:4) respectivamente. Observó que la resistencia a la compresión del hormigón disminuía a medida que aumentaba el porcentaje de conchas en las dos proporciones de mezcla. Sin embargo, el hormigón obtenido a partir de CCS presentaba una mayor resistencia a la compresión que el hormigón PKS en las dos proporciones. Sus resultados también indicaron una reducción de costes del 30% y el 42% para el hormigón producido a partir de cáscara de coco y cáscara de nuez de palma, respectivamente. Llegó a la conclusión de que la cáscara de coco era más adecuada que la cáscara de palmiste para sustituir a los áridos convencionales en la producción de hormigón.

1.2 Planteamiento del problema

La conservación de los recursos naturales y la preservación del medio ambiente son la esencia de cualquier desarrollo. El problema derivado del continuo desarrollo tecnológico e industrial es la eliminación de los residuos. Si algunos de los materiales de desecho son adecuados para la fabricación de hormigón, no sólo se puede reducir el coste de la construcción, sino que también se puede conseguir una eliminación segura de los materiales de desecho. En el presente estudio, se ha intentado evaluar la idoneidad del serrín en la producción de hormigón.

La madera es uno de los materiales estructurales más antiguos utilizados por el hombre. Es ligera y barata, y puede abaratar el coste de las estructuras. En Nigeria, cada vez hay más madera disponible para uso comercial. Sin embargo, los diseñadores les prestan menos atención. Esto se debe a que existe una conciencia generalizada de que la extinción de incendios puede estar a la orden del día si las estructuras de madera son muchas. Sin embargo, no se ha prestado la debida atención al hecho de que la madera no arderá si no se le dirige el fuego.

A este problema se añade el de la degradación del medio ambiente que acompaña a las actividades de extracción de materiales convencionales para el hormigón, como los áridos gruesos (granito), las rocas trituradas y la arena. El resultado es la contaminación atmosférica, cicatrices en el paisaje, aguas superficiales y subterráneas amenazadas, etc. Por lo tanto, es necesario encontrar formas de eliminar los residuos de serrín para fines útiles como la producción de hormigón.

1.3 Finalidad y objetivos

El estudio pretende evaluar la idoneidad del serrín como sustituto de los áridos finos en la producción de hormigón. Por lo tanto, se plantean los siguientes objetivos como hélices para la realización de la finalidad, a saber

i. Determinar las propiedades físicas de los áridos utilizados

ii. Determinar la trabajabilidad del hormigón que contiene serrín.

iii. Determinar la resistencia a la compresión del hormigón que contiene serrín.

1.4 Justificaciones

Uno de los mayores retos mundiales en la actualidad es la eliminación de los residuos industriales. Por este motivo, varios países desarrollados han realizado grandes esfuerzos para eliminar los residuos industriales, ya sea depositándolos en los hogares o utilizándolos como materiales de construcción. Hoy en día, el uso de residuos industriales se está convirtiendo en un importante recurso alternativo de materiales de construcción, mientras que la quema de residuos industriales conduce gravemente al problema del calentamiento global. La aplicación de residuos industriales como el serrín ha sido reconocida como una de las principales soluciones alternativas para hacer frente al creciente precio de los materiales de hormigón convectivo (Olutoge, 1995). El agotamiento gradual de los materiales de hormigón convencionales y las consecuencias medioambientales en cadena causadas por la eliminación de residuos industriales son motivo de preocupación.

ETL, (1999) señaló que la vivienda se considera un agente primordial en la generación de riqueza y un factor significativo en el desarrollo económico. En la historia de Nigeria ocurre lo contrario. Los materiales de hormigón convectivo aumentan día a día debido a la necesidad cada vez mayor de producción de hormigón.

La importancia de la eliminación de residuos en el desarrollo económico es reconocida universalmente y los datos históricos verifican que existe una fuerte relación entre la utilización de residuos y la actividad económica. La creciente evidencia de los problemas medioambientales se debe a una combinación de varios factores, ya que el impacto medioambiental de las actividades humanas ha crecido de forma espectacular. Esto se debe al aumento de la población mundial, del consumo de energía y de las actividades industriales.

La consecución de soluciones a los problemas medioambientales a los que se enfrenta hoy en día la humanidad requiere posibles acciones a largo plazo para lograr un desarrollo sostenible. En este sentido, el aprovechamiento de los recursos de residuos industriales parece ser una de las soluciones más eficientes y eficaces. Una de las definiciones más aceptadas de desarrollo sostenible es: "el desarrollo que satisface las necesidades del presente sin comprometer la capacidad de las generaciones futuras para satisfacer sus propias necesidades". Hay muchos factores que pueden ayudar a conseguir un desarrollo sostenible. Hoy en día, uno de los principales factores que deben tenerse en cuenta en los debates sobre desarrollo sostenible es la utilización de los residuos.

Después de haber examinado brevemente los antecedentes de este estudio, se reafirmará que esta investigación adoptará una política de "convertir residuos en riqueza", ya que los materiales estudiados actualmente tienen poco o ningún valor económico y los productores se enfrentan a problemas de eliminación. Por lo tanto, esta investigación no sólo resolverá el problema de la eliminación, sino que también determinará su idoneidad como sustituto del árido fino en la producción de losas de hormigón armado y, por lo tanto, aumentará su valor económico.

1.5Alcance y limitaciones del estudio

Este trabajo de investigación se inscribe en la serie de esfuerzos realizados sobre la utilización del serrín como árido en la producción de hormigón como alternativa a la arena. En vista de ello, el trabajo se adaptará para acomodar, como objetivo principal, la investigación de las propiedades del serrín, con vistas a mejorar dichas propiedades. En concreto, el estudio analiza el efecto de la sustitución de los áridos convencionales, arena, por serrín en Minna sobre la resistencia a la compresión con el fin de reducir su coste unitario de producción.

Este estudio se centra en el uso de serrín para sustituir parcialmente la arena del 0% al 50% en pasos del 10%

en el cubo de hormigón para la producción de hormigón ligero. Dado que la mayoría de las estructuras en zonas residenciales requieren menos peso que las estructuras de gran altura, podría ser posible aplicar ciertos conceptos con mezclas de serrín-cemento-granito.

Debido a la limitación de tiempo, el curado del hormigón no puede prolongarse más allá de 28 días, por lo que puede que no sea posible controlar el desarrollo de la resistencia a los seis meses, al año y a los dos años, etc.

1. 6Metodología de la investigación

El cemento utilizado en todo el proyecto fue "Dangote Portland Cement", que es un cemento Portland ordinario de tipo I (es decir, un cemento Portland de uso general adecuado para la mayoría de los usos) que cumple los requisitos de la norma BS 12 (1996). El cemento se obtendrá en Minna, Estado de Níger, Nigeria.

La arena aguda utilizada se obtuvo del río Kpakpungu. El árido grueso era roca triturada de 20 mm de tamaño máximo. Se obtuvo de industrias de roca triturada y el serrín procedía de una industria molinera de Minna, Estado de Níger. El agua para la mezcla procedía de un pozo del campus de Gidan Kwano, en Minna, que cumplía los requisitos de la norma BS 3148 (1980). Los materiales se sometieron a las siguientes pruebas: análisis granulométrico, contenido de humedad, gravedad específica, asentamiento y factor de compactación.

Se moldearon cubos de hormigón de 150 x 150 x 150 mm. Se utilizó serrín para sustituir a los áridos finos del 0% al 50% en pasos del 10%. Se evaluó la resistencia a la compresión a los 7, 14, 21 y 28 días.

CAPÍTULO 2

1. 2REVISIÓN BIBLIOGRÁFICA

2. 1Preamble

La conservación de los recursos naturales y la preservación del medio ambiente son la esencia de cualquier desarrollo. El problema derivado del continuo desarrollo tecnológico e industrial es la eliminación de los residuos. Si algunos de los materiales de desecho son adecuados para la fabricación de hormigón, no sólo se puede reducir el coste de la construcción, sino que también se puede conseguir una eliminación segura de los materiales de desecho. Por ello, en este trabajo se ha intentado evaluar la idoneidad del serrín como árido fino en la producción de hormigón.

Los materiales de construcción tradicionales, como el hormigón, los ladrillos, los bloques huecos, los bloques macizos, los adoquines y las baldosas, se producen a partir de los recursos naturales existentes. Esto está dañando el medio ambiente debido a la continua exploración y agotamiento de los recursos naturales. Además, durante el proceso de fabricación de los materiales de construcción se emiten invariablemente a la atmósfera diversas sustancias tóxicas, como altas concentraciones de monóxido de carbono, óxidos de azufre, óxidos de nitrógeno y partículas en suspensión. La emisión de materias tóxicas contamina el aire, el agua, el suelo, la flora, la fauna y la vida acuática, por lo que influye en la salud humana y en su nivel de vida. Por ello, las cuestiones relacionadas con la conservación del medio ambiente han cobrado gran importancia en nuestra sociedad en los últimos años (Xue et al., 2009). Los responsables políticos, económicos y sociales están prestando cada vez más atención a las cuestiones medioambientales. En consecuencia, se están produciendo cambios importantes en nuestras formas de vida y de trabajo en lo que respecta a la conservación de los recursos y el reciclaje de los residuos mediante una gestión adecuada. Muchas autoridades e investigadores están trabajando últimamente para tener el privilegio de reutilizar los residuos de forma sostenible desde el punto de vista medioambiental y económico (Aubert et al., 2006). La utilización de residuos sólidos en materiales de construcción es uno de esos esfuerzos innovadores. El coste de los materiales de construcción aumenta día a día debido a la elevada demanda, la escasez de materias primas y el alto precio de la energía. Desde el punto de vista del ahorro energético y la conservación de los recursos naturales, el uso de componentes alternativos en los materiales de construcción es actualmente una preocupación mundial. Para ello, es necesario llevar a cabo una amplia labor de investigación y desarrollo con el fin de explorar nuevos ingredientes para producir materiales de construcción sostenibles y respetuosos con el medio ambiente. El presente estudio investiga el uso potencial de los residuos agrícolas (serrín) en la producción de hormigón.

2.1.1 Antecedentes históricos del serrín

Se calcula que casi la mitad de la madera cortada anualmente en todo el mundo se utiliza como combustible, y la madera tiene otro papel importante, especialmente en los países desarrollados, en forma de pasta de madera y sus productos derivados. Como madera trabajada, las cualidades constructivas y decorativas únicas de la madera se han utilizado y apreciado desde los primeros tiempos registrados como resultado de dar forma y alisar la madera en diversas formas y usos en las industrias de aserrado, el serrín se genera como residuo. En los últimos 100 años aproximadamente (y más especialmente desde la Primera Guerra Mundial), el alcance de sus usos se ha ampliado enormemente gracias al desarrollo de la madera contrachapada, los tableros laminados y las vigas de diversos tipos, que han hecho posibles nuevos métodos de construcción y han permitido un uso más eficaz de troncos más pequeños. Estas tendencias se repiten en el desarrollo actual, que se remonta a la Segunda Guerra Mundial, de los tableros de partículas en sus diversas formas, haciendo así un uso estructural de lo que de otro modo sería en gran medida madera de desecho e incluso corteza de desecho (Kallmann, Kuenzi and

Stamm; 1975,Findlay, 1975).
El serrín se compone de finas partículas de madera. Tiene diversos usos prácticos, como servir de mantillo, o como alternativa a la arena de arcilla para gatos, o como combustible, o para la fabricación de tableros de partículas. Hasta la llegada de la refrigeración, se utilizaba a menudo en las neveras para mantener el hielo congelado durante el verano. Históricamente, se ha tratado como un subproducto de las industrias manufactureras y puede entenderse fácilmente como un peligro mayor, sobre todo por su inflamabilidad. También se ha utilizado en exhibiciones artísticas y como dispersión. También se utiliza a veces en bares para absorber derrames, lo que permite barrerlos fácilmente por la puerta. Quizá la aplicación más interesante del serrín sea la pireta, un hielo de fusión lenta y mucho más resistente compuesto de serrín y agua congelada. Se utiliza para fabricar resina de cuchillería. Mark Powers (This Old House Magazine) (2011) señala nueve usos básicos del serrín:

1. **Haz nieve falsa**. Mezcla serrín con pintura blanca y pegamento para cubrir las manualidades navideñas con nieve simulada.
2. **Controlar**. En invierno, los leñadores esparcen serrín por los caminos de sus camiones. Proporciona tracción y refuerza la nieve compactada a la vez que protege el suelo que hay debajo.
3. **Absorbe los derrames**. Tenga a mano un cubo para accidentes. El serrín es muy absorbente y puede contener rápidamente los derrames de aceite o pintura.
4. **Alimente sus plantas**. El serrín mezclado con estiércol o un suplemento de nitrógeno mantiene sus plantas sanas y húmedas.
5. **Haz un iniciador de fuego**. Derrite cera de vela en un cazo antiadherente, añade serrín hasta que el líquido espese, viértelo en un cartón de huevos vacío y déjalo enfriar. Utiliza las briquetas para encender el fuego.
6. **Rellene los agujeros y defectos de la madera**. El serrín muy fino o "harina de madera", utilizado por los profesionales del repintado de suelos, es un excelente relleno que se puede teñir cuando se mezcla en masilla con cola para madera.
7. **Rellene un camino**. Apisona con serrín un camino de tierra para reducir la erosión y crear un sendero suave y aromático a través de tu jardín o terreno arbolado.
8. **Ahuyenta las malas hierbas.** El serrín de madera de nogal es un herbicida natural. Barra esta variedad entre las grietas de su pasarela.
9. **Aligerar el cemento**. El serrín mezclado en el mortero se ha utilizado durante mucho tiempo al levantar paredes de madera de cordero para ayudar a unir los troncos. Haga lo mismo cuando vierta recipientes ligeros y humedezca el suelo de su garaje, sótano o tienda. El serrín húmedo capturará y absorberá el polvo fino y la suciedad.

El volumen de materiales de desecho sigue creciendo a pesar de la concienciación sobre la importancia de reciclar los residuos (Ciesielski y Collins, 1993 y Ciesielski, 1996). En 1994, la cantidad total de residuos producidos en Estados Unidos alcanzó los 4500 millones de toneladas al año (Shelbrurne y Degroot, 1998) y, cada vez más, la restrictiva normativa medioambiental ha dificultado la eliminación de residuos. En conjunto, estos factores han aumentado considerablemente el coste de la eliminación de los materiales de desecho (Ciesielski y Collins, 1993). Según la Agencia de Protección Medioambiental de Estados Unidos, en 2000 se generaron aproximadamente 12,7 millones de toneladas de residuos de madera, pero la eliminación segura de estos materiales de desecho sigue siendo cada vez más una preocupación importante.

Tay (1984) informó de forma independiente que los lodos mezclados con arcilla podían utilizarse en la producción de ladrillos para la construcción y que el porcentaje máximo de lodos secos que podía mezclarse con arcilla para la fabricación de ladrillos era del 40% en peso. Además, los lodos se han utilizado con fines exóticos, como el refuerzo del suelo (Ramachandran, 1981). El serrín, en particular, se ha utilizado mucho en Inglaterra para fabricar productos como unidades prefabricadas para viviendas portátiles, suelos, unidades prefabricadas de construcción y maderas de cemento (Washa, 1956).

2.1.2 Composición química del serrín

El serrín o virutas de madera es un material orgánico compuesto principalmente de carbono, hidrógeno y oxígeno, junto con pequeñas cantidades de nitrógeno y elementos minerales (principalmente, calcio, potasio y magnesio) que se encuentran en las cenizas cuando se quema la madera.

Los principales componentes orgánicos del serrín son la celulosa, las hemicelulosas y la lignina. Todos ellos forman grandes moléculas complejas que están muy estrechamente asociadas entre sí, e incluso pueden combinarse químicamente en el serrín (Idiakhoa, 2010).

Propiedades físicas del serrín

El serrín tiene las siguientes propiedades físicas que lo convierten en uno de los residuos más útiles en la construcción:

(1) Porosidad; el serrín tiene una porosidad mayor que la tierra

(2) Bajo peso específico

(3) Absorbente, sustancia de retención de agua, como para limpieza de derrames líquidos, control de

lodos, revestimientos de suelos, compuestos de barrido o como portador de estiércol líquido.

(4) Abrasivo, como en jabones de tocador, abrillantadores de metal, limpiadores de pieles o compuestos para barrer;

(5) Voluminoso y fibroso, como para harina de madera, acolchado, embalaje o agregado de cemento ligero;

(6) No conductor, como para el aislamiento

(7) Granular, como para superficies texturadas, por ejemplo, en papel pintado de avena.

2.1. 3Investigación y desarrollo recientes sobre el serrín

En los trabajos de Basri et al., (1999); Khedari et al., (2000); Manan y Ganapathy,(2002),se vio que para producir hormigón ligero se utilizan muchos métodos. El método más popular para la producción de hormigón ligero es utilizar áridos ligeros naturales o sintéticos. Algunos de los áridos ligeros utilizados para la producción de hormigón ligero son la piedra pómez, la escoria de carbón, la ceniza volante, la cascarilla de arroz, la paja de arroz, el serrín, los gránulos de corcho, la cascarilla de trigo y las fibras y cáscaras de coco. Además de éstos, merece la pena investigar los residuos de cuero de origen animal.

Kullkarni, 2005, reveló que el serrín son las partículas sueltas o astillas de madera obtenidas como subproductos del aserrado de la madera en tamaños estándar utilizables. La madera es uno de los materiales estructurales más antiguos utilizados por el hombre. Los templos y monumentos construidos hace varios años, que aún se conservan en excelentes condiciones, demuestran la durabilidad y utilidad de la madera. El serrín limpio sin gran cantidad de corteza ha demostrado ser satisfactorio. Así no se introduce un alto contenido de materia orgánica que pueda alterar las reacciones de hidratación (Neville, 2000).

Olutoge (1995), en sus investigaciones sobre las propiedades físicas de la ceniza de cáscara de arroz, el serrín y la cáscara de nuez de palma, descubrió que sus densidades aparentes eran de 530 kg/m, 614 kg/m y 740 kg/m, respectivamente. Llegó a la conclusión de que estos materiales tenían propiedades que se asemejaban a las de los materiales de hormigón ligero.

Generalmente, los hormigones que tienen un peso unitario inferior a 2,0 kg/dm³ pertenecen a la clase de hormigones ligeros. Los hormigones ligeros que tienen un peso unitario entre 1,6-2,0 kg/dm³ pueden utilizarse como elementos constructivos, los pesos unitarios entre 0,5 - 0,6 kg/dm³ pueden utilizarse como material de aislamiento (Aka, 2001; TS 11222, 2001).

Ujhely, 1983 argumentó que los hormigones ligeros que tienen una resistencia a la compresión inferior a 1 N/mm² pueden utilizarse con fines de aislamiento. A pesar de ello, si la resistencia a la compresión es superior a 1 N/mm² , el hormigón ligero puede utilizarse en el elemento de construcción portante.

La Building Research Station de Inglaterra,(1943) (una institución gubernamental), la Universidad de New Hampshire y el Departamento de Investigación en Ingeniería llevaron a cabo una investigación sobre el serrín-hormigón. El serrín se mezcló con cemento para producir un hormigón con los atributos deseables. Se obtuvo un hormigón ligero con mejores cualidades aislantes que el hormigón normal. Se obtuvo un material para suelos que no conduce el calor con demasiada rapidez lejos del ganado y un material para paredes que cumple las normas modernas de aislamiento.

La estación de investigación de la construcción (1943) informó que "las proporciones de cemento-aserrín de 1:3- 1:2 representan probablemente el rango más útil, dando productos que pesan 60-80 libras por pie cúbico, que son clavables, con resistencias al aplastamiento de 600-2.000 libras por pulgada cuadrada y resistencias transversales en el rango de 400-750 libras por pulgada cuadrada a 28 días.

Skelton (1938) hace la siguiente afirmación sobre las cualidades aislantes: "El material es cálido y es un excelente agente aislante. El coeficiente de conductividad térmica varía de 0,60 a 0,70 para una mezcla como la recomendada aquí. Varios materiales aislantes comerciales en forma de láminas tienen coeficientes similares de 0,25 a 0,40, siendo el de la madera de 1,00 y el del hormigón de 8,00".

La Building Research Station da una cifra de contracción-hinchamiento de "0,2 a 0,55% dependiendo de la relación cemento-aserrín". Este organismo hace hincapié en las dificultades que plantean las mezclas pobres (con un alto contenido de serrín) en lo que respecta a la contracción y el hinchamiento y los efectos resultantes, como el agrietamiento y el levantamiento de las superficies de los suelos y el alabeo de los paneles prefabricados. En los materiales de paneles, la Building Research Station ha sugerido el uso de revestimientos bituminosos para evitar los cambios en el contenido de humedad y los consiguientes cambios de dimensión.

Olutoge (2002) investigó el uso de serrín y cáscaras de nuez de palma como sustitutos de los áridos fino y grueso en losas de hormigón armado. Se colaron losas de hormigón armado de 800 x 300 x 75 mm. El serrín y la cáscara de nuez de palma se utilizaron para sustituir a los áridos finos y gruesos desde el 0% hasta el 100% en intervalos del 25%. Se evaluó la resistencia a la flexión a los 7, 14 y 28 días y la resistencia a la compresión a los 28 días. El aumento del porcentaje de serrín o cáscaras de palmiste en las losas de hormigón condujo a la correspondiente reducción de los valores de resistencia a la flexión y a la compresión. Se observa que con un valor de sustitución bajo, del 25%, el serrín y la cáscara de nuez de palma pueden producir losas ligeras de hormigón armado, que podrían utilizarse donde se requieran bajas tensiones a un coste reducido. Se consiguió una reducción de peso del 14,5% y del 17,9% para las losas sustituidas por serrín y PKS respectivamente.

Tabla 2.1.3 Se obtuvieron las siguientes resistencias a flexión y compresión de losas con diversos porcentajes de serrín.

	7 days		**14 days**		**28 days**		
Sawdust (%)	**Weight** (kg)	**Flexural strength** (N/mm^2)	**Weigh t (kg)**	**Flexural strength** (N/mm^2)	**Weigh t (kg)**	**Flexural strength** (N/mm^2)	**Comp. strength** (N/mm^2)
0	40.95	1.43	41.10	1.96	41.10	2.24	21.6
25	33.15	1.15	34.90	1.39	35.15	1.67	15.9
50	32.65	0.89	30.16	1.01	27.50	1.12	10.3
75	32.20	0.54	26.85	0.68	27.30	0.81	8.0
100	20.35	0.39	19.40	0.51	18.25	0.55	6.1

Source: Olutoge, 2002.

De los resultados del experimento realizado se extrajeron las siguientes conclusiones:

- Existe la posibilidad de sustituir parcialmente la arena y el granito por serrín y cáscara de palmiste en la producción de losas de hormigón ligero;

- Se ha comprobado que la sustitución óptima de serrín y cáscara de palmiste por arena y granito es del 25%. Más allá de este límite, la losa producida no cumplía los requisitos de resistencia de la norma BS 1881 Parte 4 (1970);

- A pesar de los prometedores resultados, el serrín y el hormigón de cáscara de nuez de palma se recomiendan para fines no estructurales, como la construcción de bordillos de carretera;

Sobre la base de lo anterior, se formularon las siguientes recomendaciones para futuros estudios:

- Se recomienda realizar un lavado con vapor de los materiales y un pretratamiento con productos químicos inertes antes de utilizarlos como áridos, en lugar del lavado ordinario realizado en el estudio;
- Debe estudiarse el efecto de los aditivos y la permeabilidad del hormigón fabricado con distintos porcentajes de sustitución;
- Se recomiendan estudios similares para las secciones de vigas a fin de determinar el comportamiento a flexión del hormigón ligero fabricado con estos materiales.

De lo anterior se desprende que el serrín no se ha utilizado como sustituto parcial del árido fino en el hormigón. El material de serrín tiene una gradación que entra en el rango de los materiales de áridos finos. No obstante, merece la pena investigar la posibilidad de utilizar serrín para sustituir el árido fino en el hormigón sin afectar a sus propiedades.

2.1.4 Investigación reciente sobre el uso de otros residuos agrícolas en la construcción

Udoeyo et al. (2006) determinaron la resistencia a la compresión del hormigón fabricado con porcentajes variables (5, 10, 15, 20, 25 y 30 en peso de cemento) de ceniza de madera residual (WWA). Informaron de que la resistencia a la compresión generalmente aumentaba con la edad, pero disminuía con el aumento del contenido de WWA. Las comparaciones de la resistencia del hormigón con WWA con las del hormigón de control (normal) de edades correspondientes mostraron que la resistencia del hormigón con WWA era generalmente menor que la del hormigón normal.

Hato y Takesue (1984) informaron en su estudio de que se podían fabricar áridos ligeros finos artificiales a partir de cenizas de lodo pulverizadas. La ceniza de carbón pulverizada sin tratar y sin cualidades cementantes, se utilizó con éxito como material para relleno estructural, aunque la ceniza era inherentemente variable, podía compactarse satisfactoriamente si el contenido de humedad se mantenía por debajo del óptimo obtenido en los ensayos de laboratorio estándar y si el porcentaje de finos era de aproximadamente el 60%.

Abdullahi, (2006) estudió la influencia de las cenizas de madera (WA) en el asentamiento del hormigón. Utilizó ceniza de madera como sustituto parcial del cemento en porcentajes variables (0, 10, 20, 30 y 40%) en una proporción de mezcla de hormigón de 1:2:4. El resultado de la prueba de asentamiento se muestra en la Tabla 2.1. El resultado de la prueba de asentamiento figura en la tabla 2.1. El resultado de la prueba mostró que las mezclas con mayor contenido de ceniza de madera requieren un mayor contenido de agua para lograr una trabajabilidad razonable.

Tabla 2.1.4 Resultados del ensayo de asentamiento del hormigón de ceniza de madera (Abdullahi, 2006)

Replacement of OPC by WA (%)	0	10	20	30	40
Water/Binder Actual Ratio	0.6	0.66	0.67	0.68	0.69
Slump (mm)	30	35	40	40	35

Source: Abdullahi, 2006.

Eko y Riskowski, (1997) recomendaron la mezcla de fibras de biogás no tratadas con tierra y cemento como procedimiento eficaz para la elaboración de ladrillos de construcción de viviendas en el África rural.

Rahman (1987, 1988) informó que la resistencia a la compresión de los ladrillos se incrementa en presencia de RHA y por lo tanto recomendó el uso de ladrillos de ceniza de arroz (RHA) en

muros de carga. También demostró que la capacidad de absorción de los ladrillos RHA se encuentra dentro del límite admisible (Rahman, 1988). Nasly y Yassin (2009) utilizaron RHA para desarrollar bloques entrelazados innovadores para su uso en viviendas sostenibles. También obtuvieron una buena resistencia a la compresión para los bloques que incorporaban RHA. Además, Lertsatitthanakorn et al. (2009) demostraron que los bloques de cemento y arena basados en RHA reducen la transferencia de calor solar y, por tanto, dan lugar a una disminución de la temperatura ambiente debido a una conductividad térmica inferior a la de los ladrillos de arcilla comerciales.

2.2. Hormigón

El hormigón es cualquier producto o masa fabricado mediante el uso de un medio cementante. Es un material compuesto que se obtiene mezclando áridos gruesos (por ejemplo, grava, piedras trituradas), áridos finos (por ejemplo, arena afilada), cemento y agua en la proporción adecuada. A veces se añaden materiales adicionales conocidos como aditivos para modificar algunas de sus propiedades.

2.2.1Tipos de hormigón

Hay varios tipos de hormigón, pero los tipos de hormigón basados en los materiales utilizados son:

i. Hormigón ligero
ii. Hormigón pesado
iii. Hormigón en masa
iv. Sin hormigón fino
v. Hormigón polímero

i. Hormigón ligero

Los hormigones ligeros son hormigones que tienen una resistencia a 28 días no inferior a 17 N/mm^2 y un peso unitario seco al aire inferior a 1850 kg/m^3 . Existen tres métodos para producir hormigón ligero, a saber

a. Sustituyendo el árido mineral original por árido ligero
b. Mediante la introducción de vacíos en la matriz de hormigón para producir hormigón celular, aireado o gaseoso.

c. Por la eliminación de áridos finos en la mezcla

Ventajas del hormigón ligero:

d. El peso propio del hormigón ligero varía de 300 a 1850 kg/m^3 .

e. Ayuda a reducir la carga muerta, aumenta el progreso de la construcción y reduce los costes de transporte y manipulación.

-El peso del edificio sobre los cimientos es un factor importante en el diseño, especialmente en el caso de suelos débiles y estructuras altas. En una estructura de armazón, la viga y la columna tienen que soportar la carga de la pared y el suelo. Si estos muros y forjados se construyen con hormigón ligero, el ahorro será considerable.

f. El hormigón ligero tiene una baja conductividad térmica^ En condiciones climáticas extremas en las que hay que instalar aire acondicionado, el uso de hormigón ligero con baja conductividad térmica es ventajoso desde el punto de vista del confort térmico y el bajo consumo de energía.

g. Los áridos ligeros para hormigón presentan una elevada resistencia al fuego.

h. La estructura celular de los áridos ligeros estructurales proporciona un curado interno mediante el arrastre de agua, lo que resulta especialmente beneficioso para el hormigón de altas prestaciones.

ii. Hormigón pesado

El hormigón pesado utiliza áridos pesados naturales, como barita o magnetita, o fabricados, como granalla de hierro o plomo. La densidad alcanzada dependerá del tipo de árido utilizado. Normalmente, utilizando barita la densidad será de unos 3.500kg/m^3 , lo que supone un 45% más que la del hormigón normal, mientras que con magnetita la densidad será de 3.900kg/m3 , es decir, un 60% más que la del hormigón normal. Se pueden conseguir hormigones muy pesados con granalla de hierro o plomo como árido, es decir, 5.900kg/m^3 y 8.900kg/m^3 respectivamente.

Características del hormigón pesado

-Se utilizan principalmente en la construcción de escudos contra la radiación (médica o nuclear). En alta mar, el hormigón pesado se utiliza para lastrar tuberías y estructuras similares -El alto módulo de elasticidad, la baja expansión térmica, la baja elasticidad y la deformación por fluencia son propiedades ideales.

-La mayor parte de la gravedad específica de los áridos es superior a 3,5

iii. Hormigón en masa

El hormigón en masa se define en ACI como "cualquier volumen de hormigón con dimensiones lo suficientemente grandes como para requerir que se tomen medidas para hacer frente a la generación de calor por hidratación del cemento y el cambio de volumen concomitante para minimizar el agrietamiento". El diseño de estructuras de hormigón en masa se basa generalmente en la durabilidad, la economía y la acción térmica, siendo la resistencia a menudo una preocupación secundaria, más que principal. La única característica que distingue al hormigón en masa de otras obras de hormigón es el comportamiento térmico. Muchos de los principios de la práctica del hormigón en masa pueden aplicarse también al trabajo general del hormigón, con lo que pueden obtenerse beneficios económicos y de otro tipo. Las prácticas de hormigonado en masa se desarrollaron en gran medida a partir de la construcción de presas de hormigón, donde se identificó por primera vez la fisuración relacionada con la temperatura. El agrietamiento relacionado con la temperatura también se ha experimentado en otras estructuras de hormigón de sección gruesa, incluyendo cimentaciones de esteras, encepados de pilotes, pilas de puentes, muros gruesos y revestimientos de túneles.

iv. No Hormigón fino

El hormigón no fino se compone únicamente de áridos gruesos, cemento y agua. Este tipo de hormigón se utiliza para muros de carga exteriores de edificios. También se utiliza para estructuras temporales por su bajo coste inicial y porque puede reutilizarse como árido.

v. Hormigón polímero

El hormigón polímero es un árido ligado con un ligante polimérico en lugar de cemento Portland como en el hormigón convencional. La principal técnica para producir hormigón polímero es minimizar el volumen de huecos en la masa de áridos para reducir la cantidad de polímero necesaria para ligar los áridos. Esto se consigue clasificando y mezclando adecuadamente los áridos para obtener la máxima densidad y el mínimo de huecos.

Existen principalmente 4 tipos de hormigón polímero

1. Hormigón impregnado de polímeros
2. Hormigón de cemento polímero
3. Hormigón polímero
4. Hormigón polímero parcialmente impregnado y revestido superficialmente.

Los **aditivos** son materiales útiles en el hormigón que se utilizan para modificar las características de la mezcla de hormigón con el fin de aumentar, mejorar o endurecer el hormigón, estos incluyen: acelerador, retardador y reductor de agua.

Trabajabilidad del hormigón

El término trabajabilidad se utiliza para describir la facilidad con la que se puede compactar un hormigón recién mezclado. El contenido de cemento, la granulometría general de los áridos y la forma de sus partículas influyen en la cantidad de agua necesaria para producir un hormigón "trabajable". La trabajabilidad de una mezcla de hormigón debe ser adecuada para permitir que el hormigón se compacte completamente con el método de compactación disponible. Dependiendo del grado de trabajabilidad. Puede describirse mediante los resultados de un asentamiento, un factor de compactación o un ensayo "Vebe". La resistencia del hormigón de una determinada proporción de mezcla puede verse seriamente afectada por su grado de compactación y, por lo tanto, es vital que la consistencia de la mezcla sea tal que el hormigón pueda transportarse, colocarse y acabarse suficientemente sin segregación (Tretyakov, 1964).

2.3. Áridos

Los áridos se definen como materiales granulares que pueden aglomerarse en un producto monolítico como el hormigón. Los áridos suelen constituir entre el 50% y el 80% del volumen del hormigón convectivo; las rocas trituradas, la grava y otros áridos están ampliamente disponibles y son baratos en comparación con la mayoría de los demás tipos de materiales de construcción.

2.3.1Tipos de agregados

Existen varios tipos de áridos, algunos de los cuales son:

i. Áridos ligeros

ii. Áridos de alta densidad

iii. Áridos de densidad normal

i. Áridos ligeros

Los áridos ligeros son un tipo de árido grueso que se utiliza en la fabricación de productos de hormigón ligero como bloques de hormigón, hormigón estructural y pavimento. El código de la Clasificación Industrial Estándar (SIC) para la fabricación de áridos ligeros es 3295;

La mayoría de los áridos ligeros se producen a partir de materiales como la arcilla, el esquisto o la pizarra. Sin embargo, la escoria de alto horno, la piedra pómez natural, la vermiculita y la perlita pueden utilizarse como sustitutos. Para producir áridos ligeros, la materia prima (excluida la piedra pómez) se expande hasta aproximadamente el doble de su volumen original. El material expandido tiene propiedades similares a las del árido natural, pero es menos denso y, por tanto, produce un hormigón más ligero.

Los áridos ligeros incluyen piedra pómez, serrín, cáscara de arroz, perlas de termocola y escoria formada, etc. Los áridos ligeros tienen mejores propiedades térmicas, mejor reacción al fuego, menor retracción, excelente durabilidad a la congelación y descongelación, mejor contacto entre el árido y la matriz de cemento, menor microfisuración como resultado de una mejor compatibilidad elástica, mayor resistencia a las explosiones y mejor absorción de impactos y ruidos. El hormigón de áridos ligeros de alto rendimiento también tiene menor fisuración, mayor resistencia al deslizamiento y se coloca fácilmente mediante el método de bombeo de hormigón. La estructura celular del árido ligero estructural proporciona un curado interno mediante el arrastre de agua, lo que es especialmente beneficioso para el hormigón de alto rendimiento.

ii. Áridos de alta densidad

La alta densidad de los áridos densos se traduce en una disminución del volumen para un peso dado o, alternativamente, en un aumento del peso para un volumen dado, lo que ofrece una mayor economía global. Las excelentes características granulométricas de los áridos de alta densidad permiten producir fácilmente hormigón de alta calidad y resistencia con una densidad de hasta 240 lbs./ft3, aproximadamente un 65% más denso que el hormigón estándar, que suele ser de 145 libras por pie cúbico. Los áridos densos tienen una larga historia como material de construcción, tanto para aplicaciones in situ como prefabricadas. Es uno de los pocos materiales "ecológicos" disponibles: se trata de un óxido de hierro natural inocuo para el medio ambiente y no tóxico en ninguna de sus formas. El hormigón fabricado con áridos de alta densidad es preferible a otras tecnologías de blindaje, ya que también es un material estructural.

iii. Áridos de densidad normal

Los áridos de peso normal tienen una gravedad específica de 1,5 a 3,0. Los tipos más comunes de estos áridos se obtienen de rocas naturales, es decir, grava, arena y rocas trituradas. La escoria de altos hornos, los ladrillos rotos, los granitos, la piedra caliza y la piedra arenisca forman parte de los áridos de peso normal que pueden utilizarse para producir un hormigón normal con densidades de aproximadamente 22402600 kg/m.

2. 4Cemento

El cemento es un material con propiedades adhesivas que lo hacen capaz de unir fragmentos minerales en un todo compacto. Esta definición abarca una gran variedad de materiales de cementación para la construcción, el significado del término "cemento" puede restringirse a los materiales de unión utilizados para piedras, arena, ladrillos y bloques de construcción, etc. Los distintos cementos utilizados para fabricar hormigón son polvos finamente molidos que tienen todos las mismas propiedades, es decir, cuando se mezclan con agua se produce una reacción química (hidratación) que, con el tiempo, produce un medio aglutinante muy duro y resistente para las partículas de los áridos. Existen varios tipos de cemento, a saber Cemento Portland, cemento mixto, cemento con alto contenido en alúmina, etc.

2, 5Agua

El agua es un ingrediente importante en la mezcla de hormigón y su gravedad tiene un papel vital en la resistencia del hormigón. Las cualidades del agua también desempeñan un papel importante. El agua que es transportable suele ser apta para el hormigonado. El agua tiene que estar presente en el hormigón fresco no sólo para hidratar el cemento, sino también para convertirlo en una pasta y hacer que el hormigón sea trabajable (Neville & Brooks, 2002). Las impurezas del agua interfieren en el fraguado del cemento y afectan a la resistencia del hormigón o provocan manchas en su superficie y también pueden provocar la corrosión de la armadura. Por lo tanto, el agua para el hormigonado debe ser apta para el consumo y no debe contener partículas en suspensión, materiales orgánicos ni jabón que puedan afectar a la hidratación del cemento.

CAPÍTULO 3

3.0MATERIALES Y MÉTODO

3. 1Materiales

Serrín

El serrín procedía de un almacén de madera situado en la zona de kpakungu de Minna, en el Estado de Níger (Nigeria). El serrín consistía en virutas de diversas maderas duras y blandas como Mahogamy, Madobia, Araba, Opepe y Asuelo. Se secó al sol y se guardó en bolsas impermeables.

Granito

El granito (árido grueso) utilizado para el estudio tenía un tamaño de 20 mm. Procedía de la cantera de Maitunbi en Minna, Estado de Níger, Nigeria.

Arena

La arena se obtuvo del campus Gidan Kwano de Futminna Minna, estado de Níger, Nigeria. Se lavó a fondo con agua para reducir el nivel de impurezas y materia orgánica y posteriormente se secó al sol. Cumplía los requisitos de la norma BS 882 (1982).

Cemento

El cemento utilizado fue cemento Portland ordinario. Procedía de Minna (Nigeria) y cumplía los requisitos de la norma BS 12 (1996).

Agua

El agua utilizada para el estudio se obtuvo de una perforación. El agua estaba limpia y libre de impurezas visibles. Cumplía los requisitos de la norma BS 3148 (1980).

3.2 Determinación de las propiedades físicas de los áridos.

Se realizaron las siguientes pruebas con los áridos:

i. Prueba de gravedad específica
ii. Análisis por tamiz
iii. Contenido de humedad
iv. Prueba de densidad aparente

v. Prueba de absorción de agua

vi. .1 Prueba de gravedad específica

Según ASTMC 127-93, la gravedad específica (o densidad relativa) es la relación entre la masa (o peso en aire) de una unidad de volumen de material y la masa del mismo volumen de agua a la misma temperatura. El peso específico de un material depende de la cantidad de huecos y del peso específico de los materiales que lo componen. Se utiliza para calcular las cantidades de materiales.

6.2.1. 1Aparatos

1. Botella de densidad
2. Espátula
3. Equilibrio del peso eléctrico
4. Bandeja
5. Cilindro de medición

3.2.1. 2Procedimiento de ensayo

La prueba de gravedad específica se realizó de acuerdo con el método prescrito en BS 812: parte 2, 1975 para áridos finos y gruesos.

3.2. 2Prueba de análisis granulométrico

El análisis granulométrico es el proceso de dividir una muestra de árido en fracciones del mismo tamaño de partícula, su finalidad es determinar la clasificación o distribución por tamaños del árido. Una muestra de árido secado al aire se clasifica agitando o haciendo vibrar un nido de tamices apilados, con el tamiz más grande en la parte superior, durante un tiempo determinado, de modo que el material retenido en cada tamiz represente la fracción más gruesa que el tamiz en cuestión pero más fina que el tamiz superior.

Todos los tamaños superiores a 5 mm son áridos gruesos, los tamaños inferiores a 5 mm son áridos finos. La curva granulométrica se obtiene trazando el porcentaje acumulativo de paso en la ordenada y los tamaños de los tamices en la abscisa. Una buena clasificación proporciona una trabajabilidad razonable y una segregación mínima.

3.2.2. 1Análisis granulométrico de los áridos (arena, grava y serrín)

3.2.2. 2Aparatos

Tamices i. B.S de 28 mm a 5 mm para los áridos gruesos y de 5 mm a 75 micrometros para los áridos finos.

ii. Scoop

iii. Balanza eléctrica

iv. Tamizadora mecánica

V . Plato de pesaje

VI .Juego de cepillos

3.2.2.3 Procedimiento de ensayo

La prueba de análisis granulométrico de los áridos finos, gruesos y serrín se realizó de acuerdo con la norma BS 812 : parte 1: 1975.

3.2. 3Comprobación del contenido de humedad

El contenido de humedad es el agua en exceso del estado saturado y superficialmente seco de un árido. Así, el contenido total de agua de un agregado húmedo es igual a la suma de la absorción y el contenido de humedad.

El árido expuesto a la lluvia acumula una cantidad considerable de humedad en sus poros y su posterior humectación hace que quede rodeado por una película de humedad. La humedad superficial o libre es muy importante en el diseño de las mezclas de hormigón. La humedad libre tiende a compensar la trabajabilidad alterando la relación agua/cemento. Por lo tanto, es necesario determinar el contenido de humedad de un árido y tenerlo en cuenta a la hora de calcular las cantidades de dosificación.

3.2.3. 1Aparatos

I. horno

II. Muestra

III. El contenido de humedad puede

Iv.Balanza de pesaje

3.2.3. 2Procedimiento de ensayo

El procedimiento de ensayo utilizado es el prescrito en BS 812: parte 109: 1990

3.2. 4Prueba de densidad a granel

La densidad aparente es la masa real de la muestra que llenaría un recipiente de volumen unitario, y esta densidad se utiliza para convertir cantidades en masa en cantidades en volumen. La densidad aparente depende de la densidad del árido y, por consiguiente, de la distribución del tamaño y la forma de las partículas. Para un árido grueso de una gravedad específica dada, una mayor densidad aparente significa que hay pocos huecos que rellenar con arena y cemento. Por tanto, a efectos de ensayo, debe especificarse el grado de compactación. La norma BS 812: parte 2: 1975 reconoce dos grados: suelto y compactado.

3.2.4. 1Aparatos

i. Un contenedor

ii. Una barra de apisonamiento metálica recta de sección circular

iii. Una balanza legible y con una precisión del 0,5% del peso de la muestra a pesar.

3.2.4.2 Procedimiento de ensayo

El procedimiento utilizado se ajustó a la norma BS 812: parte 2: 1975. Los resultados obtenidos son los que se muestran en el capítulo cuatro.

3.2.5 Prueba de absorción de agua

La porosidad, permeabilidad y absorción de los áridos influyen en la unión entre éstos y la pasta de cemento, en la resistencia del hormigón a la congelación y descongelación, así como en la estabilidad química, la resistencia a la abrasión y el peso específico.

La absorción de agua se determina midiendo la disminución de masa de una muestra saturada y seca en superficie tras 24 horas de secado en estufa. La relación entre la disminución de masa y la masa de la muestra seca, expresada en porcentaje, se denomina absorción.

3.2.5. 1Aparatos

i. balanza

ii. Horno

iii. Muestra

3.2.5. 2Procedimiento de ensayo

El procedimiento de ensayo es el descrito en BS 1881: parte 122: 1983.

3.3 Diseño de la mezcla

Se adoptó el método del volumen absoluto para el diseño de la mezcla

Fórmula: $VC+VS + VSW + V_G + VW + V_{aire}{}^{V}{}_{hormigón}$

Donde: V_C = Volumen de cemento

V_S = Volumen de arena

V_S d = Volumen de serrín

V_G= Volumen de grava

V_W= Volumen de agua

V_{air}= Volumen de aire

$V_{hormigón}$ = Volumen de hormigón

Materiales

Grado del cemento = 43 satisfaciendo IS: 269: 1989

Tamaño máximo del árido (MSA) = 20 mm

Agregado fino = zona-1 (según IS: 383-1970)

Tipo de agregado grueso: angular

Gravedades específicas de los materiales:

Cemento=3 ,15

Agregado fino (arena) = 2,85

Serrín= 0,37

Agregado grueso=2 ,66

Agua=1 ,0

<u>Cálculo</u>

$$V_C + V_S + V_{SD} + V_G + V_W + V_{air} = V_{concrete}$$

But density = $\frac{Mass}{Volume}$ i.e. ρ = M/V

Also, V= W/ ρ and ρ= 1000xSG

$$\frac{W_C}{1000xSGc} + \frac{W_S}{1000xSGs} + \frac{W_{SD}}{1000xSGsD} + \frac{W_G}{1000xSGG} + \frac{W_W}{1000xSGw} + 0.02 = 1m^3 \text{..i}$$

$$\frac{W_C}{1000x3.15} + \frac{W_S}{1000x2.85} + \frac{W_{SD}}{1000x0.37} + \frac{W_G}{1000x\ 2.66} + \frac{W_W}{1000x1} = 1\text{-}0.02 \text{...........ii}$$

De W/C = 0,45

Además, a partir de la proporción de mezcla 1:2:4

$\frac{W_C}{W_S} = \frac{1}{2}$ Therefore, $W_S = 2W_C$

$\frac{W_C}{W_G} = \frac{1}{4}$ Therefore, $W_G = 4W_C$

$W_{SD} = \% \text{ x } 2W_C$

$W_W = 0.45xW_C$

Sustituyendo W_s , WG, WSD y W_w en la ecuación ii

Tenemos

$$W_C = \frac{0.98}{(1/1000xSGc)+(2/1000xSGs)+(px2/1000xSGsD)+(4/1000xSGG)+(0.45/1000xSGw)}$$

Donde: p es el porcentaje de sustitución de arena por serrín en decimales

A continuación se muestran los resultados de las distintas cantidades de materiales necesarios para la mezcla de hormigón.

Tabla 3.3: Composición de la mezcla (para 12 cubos de cada uno de los distintos porcentajes de sustitución)

% Replacement	W_C	W_S	W_G	W_{SD}	W_W
0	16.02	32.04	64.08	0	7.21
10	13.56	27.11	54.22	2.71	6.10
20	11.75	23.50	46.99	4.70	5.29
30	10.37	20.73	41.46	6.22	4.66
40	9.27	18.55	37.10	7.42	4.17
50	8.39	16.78	33.57	8.39	3.77

1.1.1Loteado de materiales

La dosificación de los materiales se hizo por peso. Los porcentajes de sustitución de los áridos finos por serrín fueron 0%, 10%, 20%, 30%, 40% y 50%. Esto se hizo para determinar la proporción que daría el resultado más favorable. La sustitución del 0% sirvió de control para las demás muestras.

Diseño mixto

Los cálculos de las masas de los constituyentes se realizaron para una resistencia objetivo del hormigón de .... $20N/mm^2$ y son los que se muestran en la Tabla 1 a continuación.

Tabla -3.3.1 Masa de constituyentes para la sustitución de serrín para un lote.

Sawdust Replacement (%)	Mass of Constituents (kg)			
	Cement	**Sawdust**	**Sand**	**Granite**
0	1.179	_	2.359	4.718
10	1.179	0.236	2.123	4.718
20	1.179	0.472	1.887	4.718
30	1.179	0.708	1.651	4.718
40	1.179	0.944	1.415	4.718
50	1.179	1.180	1.180	4.718

3.4 MÉTODOS

Los áridos finos, el cemento, el serrín y el agua se combinaban para formar una pasta que rellenaba los huecos alrededor de los áridos gruesos. Con el tiempo se produce un proceso químico denominado hidratación que transforma la "masa semilíquida" en un material de ingeniería duro y resistente. En esta investigación se utilizó serrín como sustituto parcial del árido fino (es decir, arena). Este proyecto intenta poner en práctica que el cemento-arena-aserrín-grava podría tener las mismas ventajas que la mezcla estándar de cemento-arena-grava. Ambas mezclas en proporción de 1: 2: 4 de cemento, árido fino y árido grueso respectivamente. Se moldearon 72 cubos con las mismas proporciones de volumen. Después de colocarlos en los moldes, se dejaron fraguar durante 24 horas, y se mantuvieron en un tanque de curado. Las muestras curadas se sometieron a ensayos de resistencia a la compresión a los 7, 14, 21 y 28 días.

3.4.1Mezcla del hormigón

El hormigón se mezcló manualmente porque el volumen a utilizar no justifica el uso de una planta mezcladora mecánica. La mezcla en seco de la arena, el serrín y el cemento se realizó añadiendo granito, y a continuación se añadió agua. Los materiales se mezclaron a fondo hasta obtener una consistencia adecuada y un color uniforme.

3.4.2Fundición de muestras

El tamaño del encofrado adoptado fue de 150 x 150 x 150 mm. El hormigón se mezcló, colocó y compactó en tres capas. Las muestras se desmoldaron después de 24 horas y se mantuvieron en un tanque de curado durante 7, 14, 21 y 28 días, según fuera necesario. Para el vaciado de los cubos se siguió la prescripción Bs 1881: parte 108: 1983.

3.4.3Curado de las muestras

El curado consiste en mantener un contenido de humedad y una temperatura adecuados en el hormigón a edades tempranas para que pueda desarrollar las propiedades para las que se diseñó la mezcla. El curado comienza inmediatamente después de la colocación y el acabado para que el hormigón pueda desarrollar la resistencia y durabilidad deseadas. El curado de los cubos se llevó a cabo de acuerdo con la norma BS 1881: parte iii: 1983.

Las muestras se curaron por inmersión en un tanque de curado lleno de agua (método de encharcamiento) y se comprobó su resistencia a los 7, 14, 21 y 28 días.

3.5 Prueba de trabajabilidad del hormigón

Se realizaron las siguientes pruebas de trabajabilidad en el hormigón fresco:

3.5.1 Prueba de asentamiento

3.5.2 Prueba del factor de compactación.

3.5. 3Prueba de grumos

El ensayo de asentamiento permite detectar variaciones en la uniformidad de una determinada proporción nominal.

3.5.3. 1Aparatos

i. Un molde troncocónico

ii. Muestra mixta

iii. Llana

iv. Regla de madera

v. Varilla de apisonamiento (600 mm de largo x 16 mm de diámetro)

3.5.3. 2Procedimiento de ensayo

El ensayo de asentamiento se llevó a cabo de acuerdo con la norma BS 1881: parte 102:1983.

3.5. 4Prueba del factor de compactación

En el ensayo del factor de compactación, se realiza una cantidad estándar de trabajo sobre la mezcla de hormigón, el trabajo realizado es el producto del peso del hormigón y la altura por la que cae. El factor de compactación se define como la relación entre el peso del hormigón parcialmente compactado y el peso del mismo volumen de hormigón totalmente compactado.

3.5.4. 1Aparatos

i. Aparato del factor de compactación

ii. Muestra mixta

iii. Una llana

lv.Varilla apisonadora

3.5.4. 2Procedimiento de ensayo

El procedimiento de ensayo es el descrito en BS 1881: parte 103: 1993. El resultado es el que se muestra en el capítulo cuatro.

3.6 Ensayos en hormigón endurecido

3.6.1 Ensayo de resistencia a la compresión (ensayo de aplastamiento)

Los cubos se secaron al aire, se pesaron y se colocaron axialmente en la máquina trituradora con dos caras del cubo en contacto con la platina de la máquina de ensayo. Se encendió la máquina y se trituraron los cubos. La resistencia a la compresión se determinó a los 7, 14, 21 y 28 días de curado. La resistencia a la compresión se determinó de acuerdo con la norma BS 1881: parte ii: 1983, y la resistencia a la compresión se calculó como se indica a continuación.

$$\text{Resistencia a la compresión} = \frac{\text{Carga de aplastamiento (N)}}{\text{Superficie efectiva (mm)}^2}$$

Los resultados son los que se muestran en el capítulo cuatro.

CAPÍTULO 4

4.0RESULTADOS Y DEBATES

4. 1Gravedad específica de los áridos

Las tablas 4.1.1 y 4.1.3 muestran los resultados de la gravedad específica de la arena y la grava utilizadas. Los valores medios obtenidos para la gravedad específica de los áridos fueron 2,85 y 2,66 respectivamente. En comparación con los valores de 2,7-2,8 para la arena y 2,5-2,7 para la grava especificados en BS 812: parte 2: 1975. Los áridos son adecuados para el fin previsto.

$$\text{Specific gravity, } G_s = \frac{(W_2-W_1)}{(W_4-W_1)-(W_3-W_2)}$$

Dónde:

G_s = peso específico

W_1 = peso del cilindro

W_2 = peso del cilindro + muestra seca

W_3 = peso del cilindro + agua + muestra

W_4 = peso de la botella + agua

Tabla 4.1.1: Gravedad específica de la arena

Test No.	1	2	3
Weight Of Cylinder, W_1 (g)	130	125	117
Weight Of Cylinder + Dry Sample, W_2 (g)	178	166	179
Weight Of Cylinder + Water + Sample, W_3 (g)	245	235	241
Weight Of Cylinder + Water, W_4 (g)	206	219	218
W_2-W_1 (g)	48	41	62
W_4-W_1 (g)	76	94	101
W_3-W_2 (g)	67	69	62
$Gs = \frac{(W_2-W_1)}{(W_4-W_1)-(W_3-W_2)}$	5.33	1.64	1.59
Average, Gs		2.85	

Tabla 4.1.2: Gravedad específica del serrín

Test No.	1	2	3
Weight Of Cylinder, W_1 (g)	130	121	118
Weight Of Cylinder + Dry Sample, W_2 (g)	140	139	127
Weight Of Cylinder + Water + Sample, W_3 (g)	223	243	210
Weight Of Cylinder + Water, W_4 (g)	272	256	218
W_2-W_1 (g)	10	13	9
W_4-W_1 (g)	142	135	100
W_3-W_2 (g)	83	104	83
$Gs = \frac{(W_2-W_1)}{(W_4-W_1)-(W_3-W_2)}$	0.17	0.42	0.53
Average, Gs		0.37	

En la tabla 4.1.2 anterior se muestra el cálculo detallado del peso específico del serrín utilizado; el valor medio obtenido fue de 0,37. Esto indica que la relación entre el peso del volumen de serrín y el peso de un volumen igual de agua es de 0,37, lo que indica que el serrín es un material ligero. Por lo tanto, permitió determinar fácilmente el volumen de serrín sólido, tal como se especifica en la norma BS 812: parte 2: (1975).

Tabla 4.1.3: Gravedad específica del árido grueso (grava)

Test No.	**1**	**2**	**3**
Weight Of Cylinder, W_1 (g)	520	520	520
Weight Of Cylinder + Dry Sample, W_2 (g)	625	616	614
Weight Of Cylinder + Water + Sample, W_3 (g)	673	676	671
Weight Of Cylinder + Water, W_4 (g)	619	609	613
W_2-W_1 (g)	105	96	94
W_4-W_1 (g)	99	89	93
W_3-W_2 (g)	48	60	57
$Gs = \frac{(W_2-W_1)}{(W_4-W_1)-(W_3-W_2)}$	2.06	3.31	2.61
Average, Gs		2.66	

4. 2Contenido de humedad de los áridos

Las tablas 4.2.1, 4.2.2 y 4.2.3 muestran los contenidos de humedad de la arena, el serrín y la grava. Esto indica que el agua en exceso de la condición saturada y seca en superficie es del 4,23%, 28,58% y 1,54% para la arena, el serrín y la grava respectivamente. Estos contenidos de humedad se tuvieron en cuenta en el cálculo de las cantidades de los lotes y en las necesidades totales de agua de la mezcla, tal como se especifica en la norma BS812: parte 109: 1990, y, por lo tanto, se tuvo en cuenta la disminución de la masa de agua añadida a la mezcla y el aumento de la masa de áridos en una cantidad igual a la masa del contenido de humedad.

Moisture Contents, $Mc = \frac{W_2 - W_3}{W_3 - W_1} \times \frac{100}{1}$

Donde: Mc= contenido de humedad, %.

W2 = peso de la lata + muestra húmeda, (g)

W3 = peso de la lata + muestra secada al horno, (g)

W1 = peso de la lata vacía, (g)

Tabla 4.2.1: Contenido de humedad de los áridos finos (arena)

Can no.	A1	A2	A3
Weight of empty can, W_1(g)	25	25	22
Weight of can + wet sample, W_2 (g)	73.8	53.2	57.5
Weight of can + oven dried sample, W_3 (g)	72	52	56
Weight of water (W_2-W_3), (g)	1.8	1.2	1.5
Weight of dried sample (W_3-W_1), (g)	47	27	34
Water content, Mc (%) = $\frac{(W_2 - W_3)}{(W_3 - W_1)} \times \frac{100}{1}$	3.83	4.44	4.41
Average, Mc (%)		4.23	

Tabla 4.2.2: Contenido de humedad del serrín

Can no.	B1	B2	B3
Weight of empty can, W_1(g)	24	23	25
Weight of can + wet sample, W_2 (g)	29.33	27.5	29.2
Weight of can + oven dried sample, W_3 (g)	28	27	28
Weight of water (W_2-W_3), (g)	1.33	0.5	1.2
Weight of dried sample (W_3-W_1), (g)	4	4	3
Water content, Mc (%) = $\frac{(W_2 - W_3)}{(W_3 - W_1)} \times \frac{100}{1}$	33.25	12.5	40
Average, Mc (%)		28.58	

Tabla 4.2.3: Contenido de humedad de los áridos gruesos (grava)

Can no.	A1	A2	A3
Weight of empty can, W_1(g)	25	24	24
Weight of can + wet sample, W_2 (g)	70.72	105	100.1
Weight of can + oven dried sample, W_3 (g)	70	105	99
Weight of water (W_2-W_3), (g)	0.72	0	1.1
Weight of dried sample (W_3-W_1), (g)	45	81	75
Water content, Mc (%) = $\frac{(W_2-W_3)}{(W_3-W_1)} \times \frac{100}{1}$	1.6	0	1.47
Average, Mc (%)		1.54	

4.3 Análisis granulométrico de los áridos

Peso de la muestra retenida, (g) = (peso de los tamices + muestra) - (peso de los tamices vacíos)

$$\% \text{ peso retenido} = \frac{\text{peso de la muestra retenida}}{\text{Peso total de la muestra}} \times \frac{100}{1}$$

% peso aprobado = 100- porcentaje acumulado de peso retenido

Tabla 4.3.1: Distribución granulométrica de los áridos finos (arena)

Weight of sample before sieving = 500g

Sieve sizes (mm)	Weight of empty sieves (g)	Weight of sieves + sample (g)	Weight of sample retained (g)	Percentage weight retained	Cumulative percentage retained	Percentage passing
5.00	479	487	8	1.62	1.62	98.38
3.35	473	481	8	1.62	3.24	96.76
2.00	422	457	35	7.08	10.32	89.68
1.18	388	516	128	25.91	36.23	63.77
0.85	207	280	73	14.78	51.01	48.99
0.60	470	563	93	18.83	69.84	30.16
0.425	437	527	90	18.22	88.06	11.94
0.30	263	307	44	8.91	96.97	3.03
0.15	422	436	14	2.83	99.80	0.20
0.075	369	370	1	0.20	100	0
Pan	807	807	-	-	-	-
TOTAL			494			

La tabla 4.3.1 es un análisis detallado de las distribuciones granulométricas del árido fino (arena). Representa las distintas fracciones del mismo tamaño de partícula contenidas en la muestra.

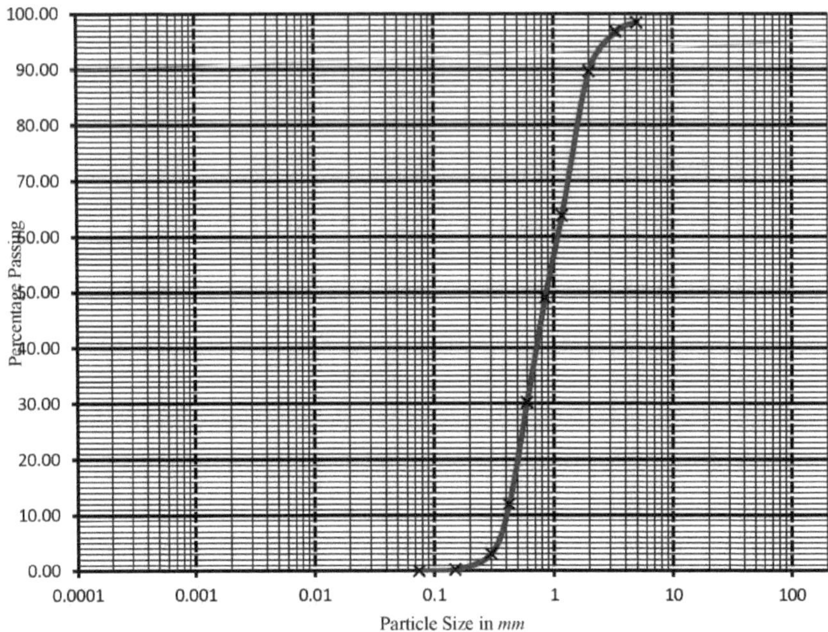

Figura 4.3.1: Curva de distribución granulométrica de la arena

El patrón del gráfico anterior revela que la arena utilizada está bien graduada y contiene una amplia gama de tamaños de partículas.

Tabla 4.3.2: Distribución granulométrica del serrín

Weight of sample before sieving = 300g

Sieve sizes (mm)	Weight of empty sieves (g)	Weight of sieves + sample (g)	Weight of sample retained (g)	Percentage weight retained	Cumulative percentage retained	Percentage passing
5.00	479	484	5	1.87	1.87	98.13
3.35	473	487	14	5.22	7.09	92.91
2.00	422	486	64	23.88	30.97	69.03
1.18	388	467	79	29.48	60.45	39.55
0.85	207	237	30	11.19	71.64	28.36
0.60	470	499	29	10.82	82.46	17.54
0.425	437	453	16	5.97	88.43	11.57
0.30	263	278	15	5.60	94.03	5.97
0.15	422	435	13	4.85	98.88	1.12
0.075	369	372	3	1.12	100	0
Pan	807	807	-	-	-	-
TOTAL			268			

La tabla 4.3.2 muestra los resultados del análisis granulométrico del serrín. Muestra varios tamaños de tamiz con el porcentaje en peso de las muestras retenidas y que pasan a través de ellos.

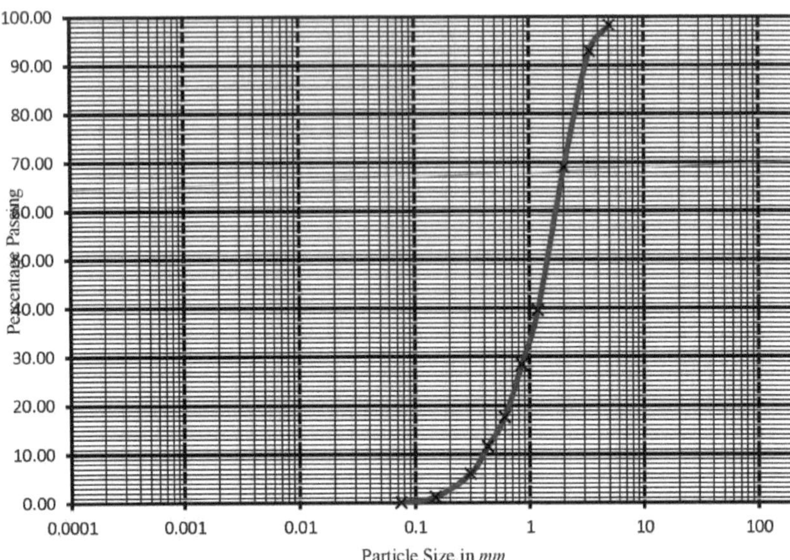

Figura 4.3.2: Curva de distribución granulométrica del serrín

El gráfico anterior es la curva de distribución granulométrica de la muestra de serrín. La curva indica que la muestra de serrín está bien clasificada y contiene una buena representación de todos los tamaños de partículas entre los tamaños máximo y mínimo.

Tabla 4.3.3: Distribución granulométrica de los áridos gruesos (grava)

Weight of sample before sieving = 500g

Sieve sizes (mm)	Weight of empty sieves (g)	Weight of sieves + sample (g)	Weight of sample retained (g)	Percentage weight retained	Cumulative percentage retained	Percentage passing
20.00	1476	1649	173	34.74	34.74	65.26
14.00	1398	1590	192	38.55	73.29	26.71
10.00	1346	1440	94	18.88	92.17	7.83
6.30	1346	1375	29	5.82	97.99	2.01
3.35	1349	1359	10	2.01	100	0
1.18	388	388	-	-	-	-
0.60	470	470	-	-	-	-
0.425	437	437	-	-	-	-
0.30	263	263	-	-	-	-
0.15	422	422	-	-	-	-
0.075	369	369	-	-	-	-
Pan	813	813	-	-	-	-
TOTAL			498			

Tabla 4.3.3: Distribución granulométrica del árido grueso, que muestra los distintos tamaños de partículas presentes en los áridos.

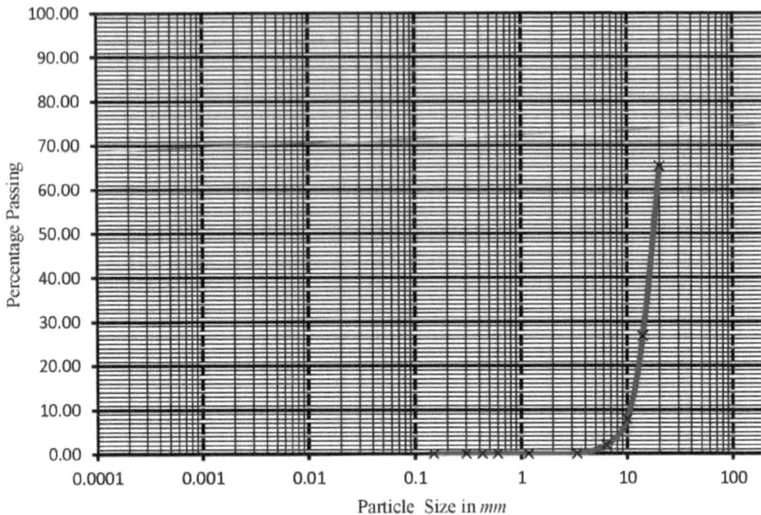

Figura 4.3.3: Curva de distribución granulométrica del árido grueso

La curva de distribución granulométrica anterior muestra que el árido grueso es uniforme en tamaños y consta de partículas con 20, 14, 10 y 6,3 mm únicamente.

4.4 Densidad aparente de los áridos

La densidad aparente es la masa real de la muestra que llenaría un recipiente de volumen unitario y se utiliza para convertir cantidades en masa en cantidades en volumen. La densidad aparente depende de la densidad de los agregados y, por consiguiente, de la distribución del tamaño y la forma de las partículas.

La densidad aparente compactada de la arena muestra que los áridos finos están densamente compactados, mientras que la del serrín indica que el serrín estaba poco compactado. El árido grueso (grava), con una alta densidad aparente compactada de 0,89, indica que hay pocos huecos que rellenar con arena y cemento (BS 812: parte 2: 1975).

Bulk Density = $\frac{\text{weight of aggregates}}{\text{Volume of container}}$

i.e. $\rho = \frac{Ws-Wc}{Vc}$

Longitud del contenedor, L= 18cm, ancho9cm, y profundidad = 18,5cm

Volumen del contenedor, Vc= 2997cm^3

Tabla 4.4.1: Densidad aparente de los áridos finos (arena)

Test No.	1	2	3
Weight of empty container, Wc (g)	1064	1064	1064
Weight of container + sample, Ws, (g)	3358.5	3224	3236
Volume of container, Vc (cm^3)	2997	2997	2997
Bulk density, $\rho = \frac{(Ws-Wc)}{Vc}$ g/cm3	0.77	0.72	0.72
Average , ρ (g/cm^3)		0.74	

Tabla 4.4.1.1: Densidad aparente compactada de los áridos finos (arena)

Test No.	1	2	3
Weight of empty container, Wc (g)	1064	1064	1064
Weight of container + sample, Ws, (g)	3618	3613	3622
Volume of container, Vc (cm^3)	2997	2997	2997
Bulk density, $\rho = \frac{(Ws-Wc)}{Vc}$ g/cm3	0.85	0.85	0.85
Average , ρ (g/cm^3)		0.85	

Tabla 4.4.2: Densidad aparente del serrín

Test No.	1	2	3
Weight of empty container, Wc (g)	1064	1064	1064
Weight of container + sample, Ws, (g)	1314	1315	1315
Volume of container, Vc (cm^3)	2997	2997	2997
Bulk density, $\rho = \frac{(Ws-Wc)}{Vc}$ g/cm3	0.08	0.08	0.08
Average , ρ (g/cm^3)		0.08	

Tabla 4.4.2.1: Densidad aparente compactada del serrín

Test No.	1	2	3
Weight of empty container, Wc (g)	1064	1064	1064
Weight of container + sample, Ws, (g)	1407	1422	1420
Volume of container, Vc (cm^3)	2997	2997	2997
Bulk density, $\rho = \frac{(Ws-Wc)}{Vc}$ g/cm3	0.11	0.12	0.12
Average , ρ (g/cm^3)		0.12	

Tabla 4.4.3: Densidad aparente de los áridos gruesos (grava)

Test No.	1	2	3
Weight of empty container, Wc (g)	1064	1064	1064
Weight of container + sample, Ws, (g)	3460	3472	3581
Volume of container, Vc (cm^3)	2997	2997	2997
Bulk density , $\rho = \frac{(Ws-Wc)}{Vc}$ g/cm3	0.80	0.80	0.84
Average , ρ (g/cm^3)		0.81	

Tabla 4.4.3.1: Densidad aparente compactada de los áridos gruesos (grava)

Test No.	1	2	3
Weight of empty container, Wc (g)	1064	1064	1064
Weight of container + sample, Ws, (g)	3854	3604	3715
Volume of container, Vc (cm^3)	2997	2997	2997
Bulk density , $\rho = \frac{(Ws-Wc)}{Vc}$ g/cm3	0.93	0.85	0.88
Average , ρ (g/cm^3)		0.89	

4.5 Absorción de agua de los áridos

La absorción de los áridos influye en la unión entre éstos y la pasta de cemento, la resistencia del hormigón a la congelación y descongelación y la estabilidad química. Como muestran las tablas siguientes, el serrín (807,78%) absorbe más agua que la arena (122,86%) y la grava (104,13%). Esta absorción de agua de los áridos se dedujo de las necesidades totales de agua de la mezcla para obtener la relación agua/cemento efectiva, que controla tanto la trabajabilidad como la resistencia del hormigón.

$$\% \text{ water absorption} = \frac{W3\text{-}W1}{W2\text{-}W1} \times \frac{100}{1}$$

Donde: W1= peso de la lata vacía

W2 = peso del bote + muestra seca

W3= peso de la lata + muestra húmeda

Tabla 4.5.1 Absorción de agua de los áridos finos (arena)

Sample No.	**S1**	**S2**	**S3**
Weight of empty can, W1 (g)	25	25	24
Weight of can + dry sample, W2, (g)	60	60	59
Weight of can + wet sample, W3 (g)	70	71	62
Weight of oven dried sample, W2-W1,(g)	35	35	35
Weight of sample + water W3-W1, (g)	45	46	38
% absorption = $\frac{W3\text{-}W1}{W2\text{-}W1} \times \frac{100}{1}$	128.57	131.43	108.57
Average % absorption		122.86	

Tabla 4.5.2 Absorción de agua del serrín

Sample No.	B1	B2	B3
Weight of empty can, W1 (g)	23	23	24
Weight of can + dry sample, W2, (g)	29	28	27
Weight of can + wet sample, W3 (g)	62	60	55
Weight of oven dried sample, W2-W1,(g)	6	5	3
Weight of sample + water W3-W1, (g)	39	37	31
% absorption = $\frac{W3-W1}{W2-W1} \times \frac{100}{1}$	650	740	1033.33
Average % absorption		807.78	

Tabla 4.5.3 Absorción de agua de los áridos gruesos (grava)

Sample No.	G1	G2	G3
Weight of empty can, W1 (g)	25	24	23
Weight of can + dry sample, W2, (g)	66	66	62
Weight of can + wet sample, W3 (g)	68	67	64
Weight of oven dried sample, W2-W1,(g)	41	42	39
Weight of sample + water W3-W1, (g)	43	43	41
% absorption = $\frac{W3-W1}{W2-W1} \times \frac{100}{1}$	104.87	102.38	105.13
Average % absorption		104.13	

Figura 4.5: Gráfico de absorción de áridos

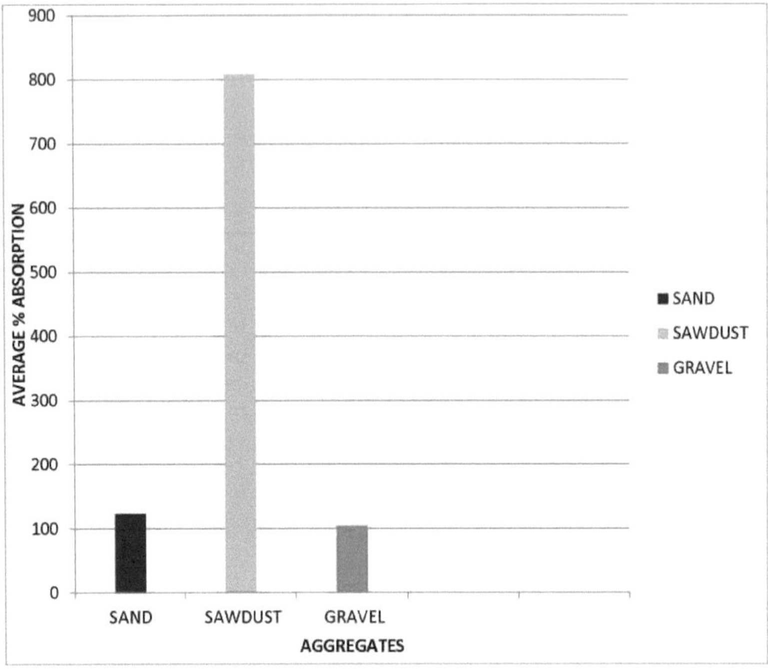

La figura 4.5 muestra que el serrín es un buen absorbente de agua.

4.6 Ensayo de trabajabilidad del hormigón

La trabajabilidad se utiliza para describir la facilidad con la que se puede compactar el hormigón. La trabajabilidad de una mezcla de hormigón debe ser adecuada para permitir que el hormigón se compacte completamente con el método de compactación disponible. Para determinar la trabajabilidad del hormigón se realizaron dos ensayos: el ensayo de asentamiento y el ensayo del factor de compactación. Los resultados se muestran en las tablas 4.6.1 y 4.6.2.

Tabla 4.6.1: Prueba de asentamiento del hormigón

% Replacement	W/C Ratio	Height of Concrete Before Removal of Mould (mm)	Height of Concrete After Removal of Mould (mm)	Slump (mm)
0	0.45	297	267	30
10	0.45	297	209	88
20	0.45	297	257	40
30	0.45	297	265	32
40	0.45	297	252	45
50	0.45	297	207	90

El asentamiento para los distintos porcentajes de sustitución oscila entre 30 mm y 90 mm, como se muestra en la tabla 4.6.1, mientras que los valores del factor de compactación oscilan entre 0,78 y 0,92. Esto indica que el grado de trabajabilidad del hormigón es medio y que el hormigón será adecuado para losas planas compactadas manualmente utilizando áridos triturados, y hormigón armado normal compactado manualmente y secciones muy reforzadas con vibración. Las figuras 4.6.1 y 4.6.2 muestran el ensayo de asentamiento y el ensayo del factor de compactación para distintos porcentajes de sustitución.

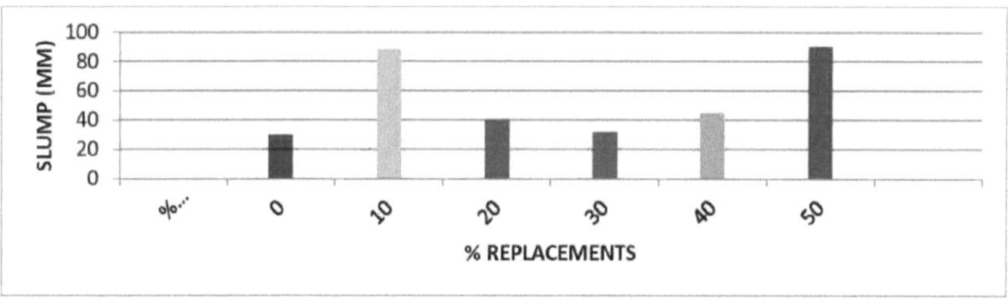

Figura 4.6.1 Gráfico del ensayo de asentamiento para distintos porcentajes de sustitución

Tabla 4.6.2: Ensayo del factor de compactación del hormigón

% Replacement	W/C Ratio	Weight of partially Compacted concrete A (g)	Weight of fully compacted concrete B (g)	Compactive factor A/B
0	0.45	12.60	13.70	0.92
10	0.45	10.00	12.90	0.78
20	0.45	9.47	11.22	0.84
30	0.45	8.42	9.99	0.84
40	0.45	8.56	9.42	0.91
50	0.45	7.69	8.94	0.86

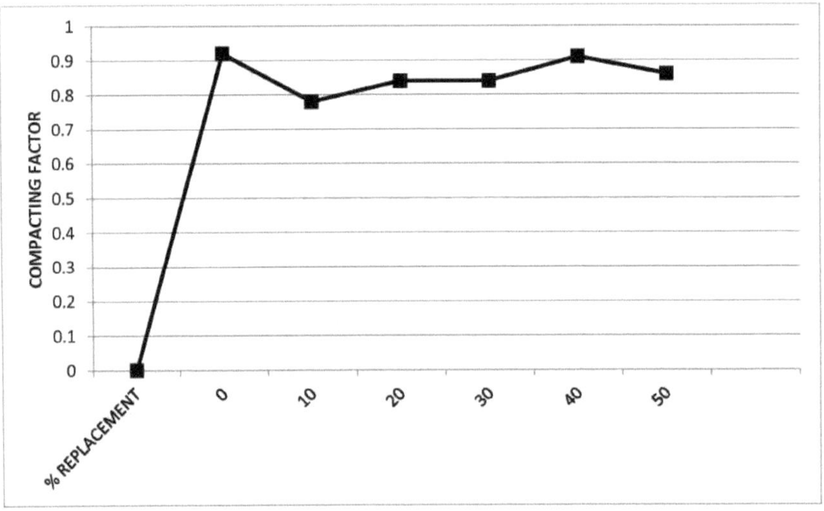

Figura 4.6. 2Factor de compactación en función del porcentaje de sustituciones

4. 7Prueba de endurecimiento del hormigón

Tabla 4.7.1: Resistencia a la compresión del hormigón a los siete días

% Replacements	Date of casting	Date of crushing	Average Compressive Strength(N/mm^2)
0	14/06/2012	21/06/2012	17.70
10	14/06/2012	21/06/2012	1.91
20	18/06/2012	26/06/2012	0.15
30	18/06/2012	26/06/2012	0.09
40	18/06/2012	26/06/2012	0.04
50	18/06/2012	26/06/2012	0.00

Tabla 4.7.2: Resistencia a la compresión del hormigón a los catorce días

% Replacements	Date of casting	Date of crushing	Average Compressive Strength(N/mm^2)
0	14/06/2012	28/06/2012	18.28
10	14/06/2012	28/06/2012	2.77
20	18/06/2012	03/07/2012	0.74
30	18/06/2012	03/07/2012	0.64
40	18/06/2012	03/07/2012	0.30
50	18/06/2012	03/07/2012	0.18

Tabla 4.7.3: Resistencia a la compresión del hormigón a los 21 días

% Replacements	Date of casting	Date of crushing	Average Compressive Strength(N/mm^2)
0	14/06/2012	05/07/2012	19.19
10	14/06/2012	05/07/2012	4.18
20	18/06/2012	10/07/2012	0.83
30	18/06/2012	10/07/2012	0.63
40	18/06/2012	10/07/2012	0.33
50	18/06/2012	10/07/2012	0.22

Tabla 4.7.4: Resistencia a la compresión del hormigón a los 28 días

% Replacements	Date of casting	Date of crushing	Average Compressive Strength(N/mm^2)
0	14/06/2012	12/07/2012	20.09
10	14/06/2012	12/07/2012	7.41
20	18/06/2012	17/07/2012	0.96
30	18/06/2012	17/07/2012	0.68
40	18/06/2012	17/07/2012	0.46
50	18/06/2012	17/07/2012	0.36

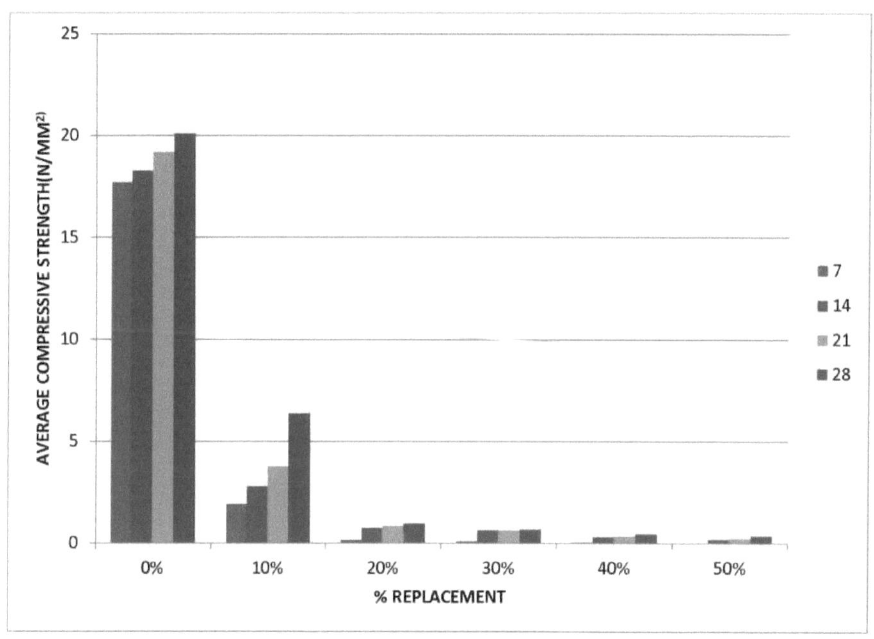

Figura 4.7: Efecto de la sustitución de arena por serrín en la resistencia a la compresión.

Se observa en las tablas 4.7.1-4.7.4. Para el cubo de control, la resistencia a la compresión aumentó de 17,70 N/mm a los 7 días a 20,09 N/mm a los 28 días (es decir, un incremento del 14%). Esto era equivalente al hormigón de grado 20 que tiene un valor especificado de 20N/mm (BS 8110, 1997). La muestra con un 10% de sustitución dio un valor de 7,41N/mm a los 28 días, lo que equivalía al hormigón de grado 7, que tiene un valor de 7N/mm especificado para el hormigón liso. También pudo observarse que el peso de la losa se redujo de 9,50 kg para una sustitución del 0% a 7,62 kg para una sustitución del 10% a los 28 días, lo que supone una reducción de peso de aproximadamente el 20%. En base a lo anterior y a los resultados obtenidos, sólo la muestra con un 10% de sustitución cumple satisfactoriamente los criterios.

cumple los criterios. La tabla 4.7.5 muestra los grados de hormigón recomendados según la norma BS 8110 (1997).

Tabla 4.7.5: Clases de hormigón recomendadas (BS 8110, 1997)

Grade	Characteristics strength	Concrete class
7 10	7.0 10.0	Plain concrete
15	15	Reinforced concrete with lightweight aggregate
20 25	20.0 25.0	Reinforced concrete with dense aggregate
30	30.0	Concrete with post tensioned tendous
40 50 60	40.0 50.0 60.0	Concrete with pre tensioned tendous

CAPÍTULO 5

5.0CONCLUSIONES Y RECOMENDACIONES

5. 1Conclusiones

De los resultados de las pruebas realizadas se pueden extraer las siguientes conclusiones:

i. Existe la posibilidad de sustituir parcialmente la arena por serrín en la producción de hormigón ligero.

ii. Se ha comprobado que la sustitución óptima de arena por serrín es del 10%. Más allá de este límite, el hormigón producido no cumplía los requisitos de resistencia establecidos en la norma BS 8110 (1997).

iii. Las características de clasificación de los materiales utilizados cumplían los requisitos del código británico para hormigón ligero.

iv. Los prometedores resultados del hormigón de serrín se recomiendan para fines no estructurales, como la construcción de bordillos de carretera.

v. Para evitar la entrada de agua, debe aplicarse una capa protectora de agentes impermeabilizantes como el zycosil para bloquear los poros existentes.

vi. Los materiales orgánicos están sujetos a deterioro con el paso del tiempo, por lo que las aplicaciones de hormigón de serrín deben ser objeto de un mantenimiento regular y sustituirse cuando sea necesario.

vii. El hormigón fabricado con serrín puede utilizarse como hormigón aislante según la norma ACI C- 9; 213.

5. 2Recomendaciones

Sobre la base de lo anterior, se formulan las siguientes recomendaciones para futuros estudios sobre el hormigón ligero fabricado a partir de serrín:

i. Se recomienda realizar un lavado con vapor del material de serrín y un pretratamiento con productos químicos inertes antes de utilizarlo como árido en lugar del lavado ordinario realizado en el estudio.

ii. Debe estudiarse el efecto de la resistencia al fuego del hormigón ligero fabricado con serrín.

iii. Debe estudiarse el efecto de los aditivos y la permeabilidad del hormigón fabricado con distintos porcentajes de sustitución.

iv. Deben realizarse estudios de durabilidad de las losas de hormigón armado fabricadas con serrín.

REFERENCIAS

Abdullahi, M. (2006). Characteristics ofWood Ash/Opc Concrete. Leonardo Electronic Journal ofPractices and Technologies 8: 9-16.

Ciesieiski, S.K. y R.J. Collins (1993), "Recycling and Use of Waste Materials and Byproducts in Highway Construction" volúmenes I y II.

Eko, R.M. y Riskowski, G.L (1997). "A Procedure for Processing Mixtures of Soil, Cement, Sugar Cane Baggasse" (Procedimiento para el procesamiento de mezclas de suelo, cemento y bagazo de caña de azúcar). Manuscrito de la Revista de Investigación y Desarrollo Científico de la CIGR, BC 99001, volumen 111.

ETL (Engineering Technical Letter) (1999), "Use of Waste Materials in Building Construction", Department of Army, U.S. army corps ofEngineers, Washington, DC.

Fernández, H. (2007). Sustitución parcial de arena por cenizas volantes. International Conference fly ash utilization and disposal in India by CBIP .Pp.45-54 *hppt://lejpt.academicdirect.org.*

Hato.H. y Takesue. M.(1984), "Manufacture of Artificial Lightweight Aggregates from Sewage Sludge by Multistage Stream Kiln", Proceedings, International Conference of Recycling, Berlin, West Germany, pp 469-464.

Oficina de Información, Building Research station. 1943 Sawdust Cement, parts 1& 2. Wood London, vol.8 no.11. Noviembre, pp:248-250, y vol.8, no 12, Diciembre, pp 271-272.

Kulkarni, P.D. (2005). Civil Engineering Materials. Instituto de Formación de Profesores Técnicos Chadigash. Pp.10-21.

Lertsatitthamakorn, C., Atthajariyakul, S. y Soponronnarit, S. (2009). Techno- Economical Evaluation ofRice Husk Ash (RHA). Based Sand-Cement Block for Reducing Solar Conduction Heat Gain to a Building. Construction and building materials 23: 364-369.

Nasly, M.A, Yassin, A.A.M. (2009). Sustainable Housing using an Innovative interlocking Block Building System. In proceedings of the fifth national conference on civil Engineering (Awam '09) : Towards Sustainable Development, Kuala Lumpur, Malasia, pp. 130-138.

Neville, A.M.(2000). Properties of Concrete. ELBS Pitman, 3rd edición pp. 55-63, 100-101, 130,148, 714-715.

Neville, A.M y Brooks, J.J (2002), Concrete Technology Longman Publisher, Singapur.

Comité NRMCA (National Ready Mixed Concrete Association) (2000), "Effect of Curing Condition on Compressive Strength of Concrete Test Specimens",

NRMCA publication No.53, National Ready Mixed Concrete Association, Silver Spring, MD.

Olanipekun, E.A (2006). A Comparative Study of Concrete Properties Using Coconut Shell and Palm Kernel Shell as Coarse Aggregates. Journal ofBuilding and Environment 41 (3): 297-301.

Olutoge F.A (1995). A study of Sawdust, Palm Kernel Shell and Rice Husk Ash as Full/Partial Replacement for Sand, Granite and Cement in Concrete. Proyecto de maestría, Universidad de Lagos, Nigeria.

Rahman, M.A (1987). Properties of Clay-Sand-Rice Husk Ash Mixed Bricks. International Journal of Cement Composites and Lightweight Concrete, 9:pp 105-108.

Ramachandran, V.S., (1981), CBD-215. Waste and By-Products as Concrete Aggregate. Canadian Building Digest Internet.

Russell, R., y Skelton (1938). Cement-Sawdust Concrete for Poultry House and dairy Barn Floors. Extension circular 217 university of new Hampshire Extension Service, Durham, N.H 10.

Shelbrurne, W.M y Degroot, D.J. (1998). "The Use of Waste and Recycled Materials in Highway Construction", Journal of the Boston Society of Civil Engineering Section/ ASCE, Civil Engineering Practice, volumen 13 nº I, pp. 5-16.

Tay, J.H. (1984), " Sludge and Incineration Residue as Building Construction Materials", proc. Conferencia internacional sobre materiales de construcción Interclean 84, Singapur. Pp252-261.

Tretiakov, A. (1964), Práctica concreta Editorial Mir, Moscú.

Udoeyo, F.F, Inyang, H., Young,D.T, and Oparadu, E.E (2006), Potential ofWood Waste Ash as an Additive in Concrete. Journal ofMaterials in Civil Engineering 18(4): 605611.

Washa, G.W, (1956). Propiedades de los áridos ligeros y del hormigón ligero. J. AM Concrete Institute, 5c: 375-382

ANEXO I

Tabla 3.3: Composición de la mezcla (para 12 cubos de cada uno de los distintos porcentajes de sustitución)

SGC	SGS	SGSW	SGG	SGW	%	Quantities required for 12 cubes
3.15	2.85	0.37	2.66	1	0	
WC	329.6362			0.0486		16.02032
WS	659.2725			0.0486		32.04064
WG	1318.545			0.0486		64.08128
WSW	0			0.0486		0
WW	148.3363			0.0486		7.209145

QUANTITIES OF MATERIALS REQUIRED FOR 10% REPLACEMENT

SGC	SGS	SGSW	SGG	SGW	%	
3.15	2.85	0.37	2.66	1	0.1	
WC	278.923			0.0486		13.55566
WS	557.846			0.0486		27.11131
WG	1115.692			0.0486		54.22263
WSW	55.7846			0.0486		2.711131
WW	125.5153			0.0486		6.100046

QUANTITIES OF MATERIALS REQUIRED FOR 20% REPLACEMENT

SGC	SGS	SGSW	SGG	SGW	%	
3.15	2.85	0.37	2.66	1	0.2	
WC	241.7333			0.0486		11.74824
WS	483.4665			0.0486		23.49647
WG	966.9331			0.0486		46.99295
WSW	96.69331			0.0486		4.699295

WW	108.78			0.0486		5.286707

QUANTITIES OF MATERIALS REQUIRED FOR 30% REPLACEMENT

SGC	SGS	SGSW	SGG	SGW	%	
3.15	2.85	0.37	2.66	1	0.3	
WC	213.2941			0.0486		10.36609
WS	426.5881			0.0486		20.73218
WG	853.1763			0.0486		41.46437
WSW	127.9764			0.0486		6.219655
WW	95.98233			0.0486		4.664741

QUANTITIES OF MATERIALS REQUIRED FOR 40% REPLACEMENT

SGC	SGS	SGSW	SGG	SGW	%	
3.15	2.85	0.37	2.66	1	0.4	
WC	190.8421			0.0486		9.274924
WS	381.6841			0.0486		18.54985
WG	763.3683			0.0486		37.0997
WSW	152.6737			0.0486		7.419939
WW	85.87893			0.0486		4.173716

QUANTITIES OF MATERIALS REQUIRED FOR 50% REPLACEMENT

SGC	SGS	SGSW	SGG	SGW	%	
3.15	2.85	0.37	2.66	1	0.5	
WC	172.6666			0.0486		8.391598
WS	345.3333			0.0486		16.7832
WG	690.6665			0.0486		33.56639
WSW	172.6666			0.0486		8.391598
WW	77.69998			0.0486		3.776219

ANEXO II

Tabla 4.7.1: Resistencia a la compresión del hormigón a los siete días

Cube No.	% Replacement	Date of casting	Date of crushing	Cube age	Weight of cube (kg)	Area of cube (mm^2)	crushing load (KN)	Compressive strength N/mm^2	Average compress. Strength N/mm^2
A	0	14/6/	21/6/12	7	8.83	22500	482	21.42	
B	0	,,	,,	7	9.46	22500	432	19.20	17.70
C	0	,,	,,	7	8.42	22500	281	12.49	
A	10	14/6/	21/6/12	7	7.76	22500	50.00	2.22	
B	10	,,	,,	7	7.45	22500	27.00	1.20	1.91
C	10	,,	,,	7	7.27	22500	52.00	2.31	
A	20	18/6/	26/6/12	7	5.76	22500	4.00	0.18	
B	20	,,	,,	7	5.64	22500	2.00	0.09	0.15
C	20	,,	,,	7	5.56	22500	4.00	0.18	
A	30	18/6/	26/6/12	7	5.14	22500	2.00	0.09	
B	30	,,	,,	7	5.58	22500	2.00	0.09	0.09
C	30	,,	,,	7	5.41	22500	2.00	0.09	
A	40	18/6/	26/6/12	7	5.63	22500	1.00	0.04	
B	40	,,	,,	7	5.34	22500	1.00	0.04	0.04
C	40	,,	,,	7	5.30	22500	1.00	0.04	
A	50	18/6/	26/6/12	7	4.35	22500	0.00	0.00	
B	50	,,	,,	7	4.20	22500	0.00	0.00	0.00
C	50	,,	,,	7	4.15	22500	0.00	0.00	

Tabla 4.7.2: Resistencia a la compresión del hormigón a los catorce días

Cube No.	% Replacement	Date of casting	Date of crushing	Cube age	Weight of cube (kg)	Area of cube (mm^2)	crushing load (KN)	Compressive strength N/mm^2	Average compress. Strength N/mm^2
A	0	14/6/	28/6/12	14	8.83	22500	482	21.42	
B	0	,,	,,	14	9.46	22500	432	19.20	18.28
C	0	,,	,,	14	8.42	22500	320	14.22	
A	10	14/6/	28/6/12	14	7.76	22500	61.00	2.71	
B	10	,,	,,	14	7.45	22500	62.00	2.76	2.77
C	10	,,	,,	14	7.27	22500	64.00	2.84	
A	20	18/6/	03/7/12	14	5.62	22500	10.00	0.44	
B	20	,,	,,	14	5.50	22500	15.00	0.66	0.74
C	20	,,	,,	14	5.30	22500	25.00	1.11	
A	30	18/6/	03/7/12	14	4.99	22500	10.00	0.44	
B	30	,,	,,	14	5.45	22500	14.00	0.62	0.64
C	30	,,	,,	14	5.61	22500	19.50	0.87	
A	40	18/6/	03/7/12	14	5.00	22500	6.00	0.27	
B	40	,,	,,	14	5.21	22500	8.00	0.36	0.30
C	40	,,	,,	14	5.54	22500	6.20	0.28	
A	50	18/6/	03/7/12	14	4.40	22500	2.00	0.09	
B	50	,,	,,	14	4.54	22500	6.20	0.28	0.18
C	50	,,	,,	14	5.25	22500	4.00	0.18	

Tabla 4.7.3: Resistencia a la compresión del hormigón a los 21 días

Cube No.	% Replacement	Date of casting	Date of crushing	Cube age	Weight of cube (kg)	Area of cube (mm^2)	crushing load (KN)	Compressive strength N/mm^2	Average compress. Strength N/mm^2
A	0	14/6/	05/7/12	21	8.56	22500	452	20.10	
B	0	,,	,,	21	8.68	22500	350	15.60	19.19
C	0	,,	,,	21	8.62	22500	492	21.87	
A	10	14/6/	05/7/12	21	7.56	22500	98.00	4.36	
B	10	,,	,,	21	7.36	22500	94.00	4.18	4.18
C	10	,,	,,	21	7.42	22500	90.00	4.00	
A	20	18/6/	10/7/12	21	6.00	22500	16.00	0.71	
B	20	,,	,,	21	5.68	22500	19.80	0.88	0.83
C	20	,,	,,	21	6.25	22500	20.20	0.90	
A	30	18/6/	10/7/12	21	5.94	22500	15.20	0.68	
B	30	,,	,,	21	5.86	22500	14.00	0.62	0.63
C	30	,,	,,	21	5.24	22500	13.50	0.60	
A	40	18/6/	10/7/12	21	5.52	22500	8.20	0.36	
B	40	,,	,,	21	5.92	22500	7.60	0.34	0.33
C	40	,,	,,	21	5.72	22500	6.20	0.28	
A	50	18/6/	10/7/12	21	4.56	22500	2.40	0.11	
B	50	,,	,,	21	5.02	22500	8.00	0.36	0.22
C	50	,,	,,	21	4.62	22500	4.20	0.19	

Tabla 4.7.4: Resistencia a la compresión del hormigón a los 28 días

Cube No.	% Replacement	Date of casting	Date of crushing	Cube age	Weight of cube (kg)	Area of cube (mm^2)	crushing load (KN)	Compressive strength N/mm^2	Average compress. Strength N/mm^2
A	0	14/6/	12/7/12	28	9.50	22500	488	21.69	
B	0	,,	,,	28	8.70	22500	392	17.42	20.09
C	0	,,	,,	28	8.34	22500	476	21.16	
A	10	14/6/	12/7/12	28	7.60	22500	186	8.27	
B	10	,,	,,	28	7.62	22500	148	6.58	7.41
C	10	,,	,,	28	7.48	22500	166	7.38	
A	20	18/6/	17/7/12	28	6.00	22500	19.20	0.85	
B	20	,,	,,	28	6.20	22500	20.00	0.89	0.96
C	20	,,	,,	28	6.42	22500	25.60	1.14	
A	30	18/6/	17/7/12	28	5.92	22500	14.60	0.65	
B	30	,,	,,	28	5.60	22500	15.20	0.68	0.68
C	30	,,	,,	28	6.02	22500	16.00	0.71	
A	40	18/6/	17/7/12	28	5.00	22500	10.00	0.44	
B	40	,,	,,	28	5.20	22500	8.92	0.40	0.46
C	40	,,	,,	28	5.54	22500	12.20	0.54	
A	50	18/6/	17/7/12	28	5.00	22500	10.20	0.45	
B	50	,,	,,	28	4.86	22500	8.40	0.37	0.36
C	50	,,	,,	28	4.34	22500	6.00	0.27	

ANEXO III

PLATE I: PERFORMING SPECIFIC GRAVITY TEST ON AGGREGATES

PLATE II: PERFORMING SIEVE ANALYSIS TEST ON AGGREGATES

PLATE III: PERFORMING BULK DENSITY TEST ON SAMPLES

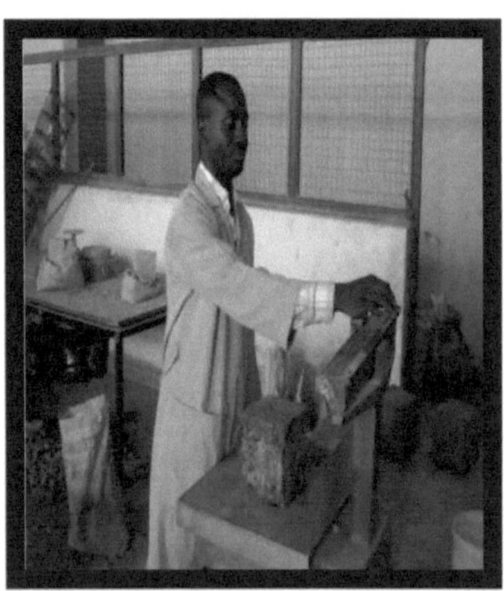

PLATE IV: WEIGHING OF SAMPLES

PLATE V: OVEN DRYING SAMPLES

PLATE VI: RECORDING WEIGHT OF CUBES

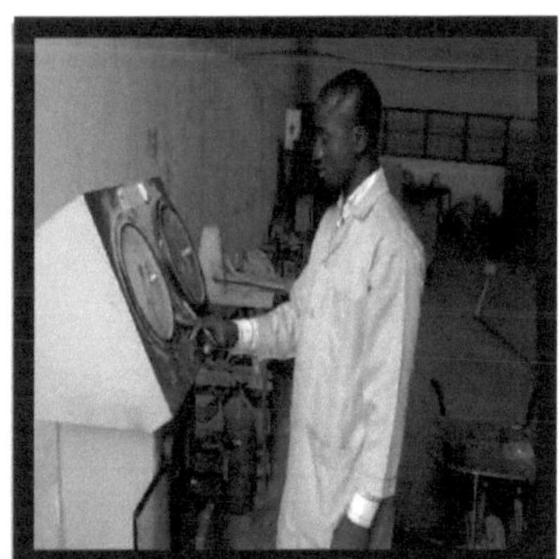

PLATE VII: RECORDING THE CRUSHING LOAD OF CUBES

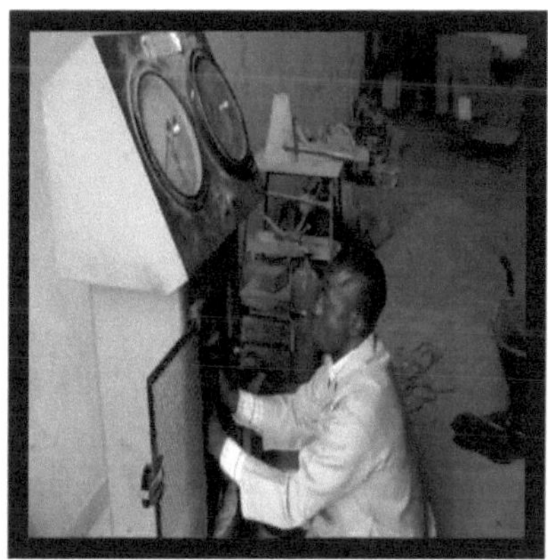

PLATE VIII: PLACING CUBE IN THE CRUSHING MACHINE

Printed by Books on Demand GmbH, Norderstedt / Germany